Práticas de
Morfologia Vegetal

2ª edição

BIBLIOTECA **BIOMÉDICA**

"Uma nova maneira de estudar as ciências básicas, na qual prestigia-se o autor brasileiro e coloca-se nossa Universidade em primeiro lugar"

ANATOMIA **HUMANA**
Dangelo **e Fattini** – Anatomia Básica dos Sistemas Orgânicos, 2ª ed.
Dangelo **e Fattini** – Anatomia Humana Básica, 2ª ed.
Dangelo **e Fattini** – Anatomia Humana Sistêmica e Segmentar, 3ª ed.
Erhart – Elementos de Anatomia Humana, 10ª ed.

BIOFÍSICA
Ibrahim – Biofísica Básica, 2ª ed.

BIOLOGIA
Sayago – Manual de Citologia e Histologia para o Estudante da Área da Saúde
Stearns e Hoekstra – Evolução uma Introdução

BIOQUÍMICA
Cisternas, **Monte e Montor** - Fundamentos Teóricos e Práticas em Bioquímica
Laguna – Bioquímica, 6ª ed.
Mastroeni - Bioquímica - Práticas Adaptadas

BOTÂNICA **E FARMACOBOTÂNICA**
Oliveira **e Akisue** – Farmacognosia
Oliveira **e Akisue** – Fundamentos de Farmacobotânica
Oliveira **e Akisue** – Práticas de Morfologia Vegetal

ECOLOGIA
Kormondy **e Brown** – Ecologia Humana
Krebs **e Daves** – Introdução a Ecologia Comportamental

EMBRIOLOGIA
Doyle **Maia** – Embriologia Humana
Stearns e Hoekstra – Evolução – Uma Introdução

ENTOMOLOGIA **MÉDICA E VETERINÁRIA**
Marcondes – Entomologia Médica e Veterinária, 2ª ed

FARMACOLOGIA E TOXICOLOGIA
Oga – Fundamentos de Toxicologia – 4ª ed.

FISIOLOGIA • PSICOFISIOLOGIA
Glenan – Fisiologia Dinâmica
Lira **Brandão** – As Bases Psicofisiológicas do Comportamento, 3ª ed.

HISTOLOGIA **HUMANA**
Glerean – Manual de Histologia – Texto e Atlas

MICROBIOLOGIA
Ramos **e Torres** – Microbiologia Básica
Ribeiro **e Stelato** – Microbiologia Prática: Aplicações de Aprendizagem de Microbiologia Básica: Bactérias, Fungos e Vírus – 2ª ed.
Soares **e Ribeiro** – Microbiologia Prática: Roteiro e Manual – Bactérias e Fungos
Trabulsi – Microbiologia, 5ª ed.

MICROBIOLOGIA **DOS ALIMENTOS**
Gombossy **e Landgraf** – Microbiologia dos Alimentos

MICROBIOLOGIA **ODONTOLÓGICA**
De **Lorenzo** – Microbiologia para o Estudante de Odontologia

NEUROANATOMIA
Machado – Neuroanatomia Funcional, 3ª ed.

NEUROCIÊNCIA
Lent – Cem Bilhões de Neurônios – Conceitos Fundamentais de Neurociência, 2ª ed.

PARASITOLOGIA
Barsantes – Parasitologia Veterinária
Cimerman – Atlas de Parasitologia Humana - 2ª ed
Cimerman – Parasitologia Humana e Seus Fundamentos Gerais
Neves – Atlas Didático de Parasitologia, 2ª ed
Neves – Parasitologia Básica, 3ª ed.
Neves – Parasitologia Dinâmica, 3ª ed.
Neves – Parasitologia Humana, 12ª ed.

PATOLOGIA
Franco – Patologia – Processos Gerais, 5ª ed.
Gresham – Atlas de Patologia em Cores – a Lesão, a Célula e os Tecidos Normais, Dano Celular: Tipos, Causas, Resposta-Padrão de Doença

ZOOLOGIA
Barnes – Os Invertebrados – Uma Síntese
Benton – Paleontologia dos Vertebrados
Hildebrand **e Goslowan** – Análise da Estrutura dos Vertebrados, 2ª ed.
Pough – A Vida dos Vertebrados, 4ª ed.
Villela **e Perini** – Glossário de Zoologia

SENHOR PROFESSOR, PEÇA O SEU EXEMPLAR GRATUITAMENTE PARA FINS DE ADOÇÃO. LIGAÇÃO GRÁTIS - TEL.: 08000-267753

www.atheneu.com.br

Facebook.com/editoraatheneu   Twitter.com/editoraatheneu   Youtube.com/atheneueditora

Práticas de Morfologia Vegetal

2ª edição

FERNANDO DE OLIVEIRA

Professor-Associado de Farmacognosia do Departamento de Farmácia da Faculdade de Ciências Farmacêuticas da Universidade de São Paulo. Professor Titular de Farmacobotânica da Universidade São Francisco, São Paulo.

MARIA LUCIA SAITO

Pesquisadora do Centro Nacional de Pesquisa de Defesa da Agricultura da Embrapa, na área de Química de Produtos Naturais. Doutora em Química Orgânica pela Universidade de São Paulo. Especialista em Farmacognosia e Farmacobotânica

Estudo prático de Morfologia Vegetal tendo por base plantas brasileiras.

Atheneu

EDITORA ATHENEU

São Paulo	Rua Jesuíno Pascoal, 30 Tel.: (11) 2858-8750 Fax: (11) 2858-8766 E-mail: atheneu@atheneu.com.br
Rio de Janeiro	Rua Bambina, 74 Tel.: (21) 3094-1295 Fax: (21) 3094-1284 E-mail: atheneu@atheneu.com.br
Belo Horizonte	Rua Domingos Vieira, 319, conj. 1.104

PRODUÇÃO EDITORIAL: Sandra Regina Santana
CAPA: Equipe Atheneu

Dados Internacionais de Catalogação na Publicação (CIP)
(Câmara Brasileira do Livro, SP, Brasil)

Oliveira, Fernando de
    Práticas de morfologia vegetal / Fernando de Oliveira, Maria Lucia Saito. -- 2. ed. -- São Paulo : Editora Atheneu, 2016.

    Bibliografia.
    ISBN 978-85-388-0712-4

    1. Botânica - Morfologia 2. Botânica - Organografia 3. Morfologia 4. Plantas medicinais I. Saito, Maria Lucia. II. Título.

16-03989   CDD-581.4

Índice para catálogo sistemático:

1. Morfologia vegetal : Botânica   581.4

Prefácio

É para mim uma distinção especial prefaciar a segunda edição da obra deste bom professor e colega de trabalho.

Este livro – *Práticas de Morfologia Vegetal* – conduz agradavelmente o leitor ao conhecimento externo e interno dos vegetais que constituem a cobertura verde da Terra, e que são de grande importância para a vida do Reino Animal.

Nota-se, em cada capítulo, o espírito objetivo dos autores, e isso facilita muito a aprendizagem, não só da organografia, mas também da anatomia que, na realidade, constitui o ponto alto da obra.

Já a compreensão adequada dos problemas básicos de morfologia vegetal, também presentes nesta obra, é de fundamental importância na resolução da ciência aplicada destinada à identificação de drogas vegetais e de alimentos. Contribui, pois, para o controle de qualidade tanto de plantas medicinais *in natura* ou transformadas em droga quanto de alimentos tecnologicamente processados ou não.

Estão, pois, de parabéns os autores de *Práticas de Morfologia Vegetal* e não hesito em dizer-lhes que, na simplicidade deste trabalho, prestam aos estudiosos do Reino Vegetal um valioso auxílio e, acima de tudo, enriquecem a literatura científica brasileira.

Isabel Cristina Ercoloni Barroso
Professora Titular de Botânica
Fundação do Ensino Superior de Bragança Paulista

Mensagem dos autores

O presente livro – *Práticas de Morfologia Vegetal* – pode se constituir, a nosso ver, em valiosa contribuição para todos que se interessam pelo conhecimento da "ciência amável", ou seja, da Botânica.

Idealizado com o escopo inicial de atender às necessidades de Botânica dos alunos dos cursos de Farmácia, presta-se, de modo geral, a todos que necessitam de conhecimentos práticos de morfologia vegetal. Serve, igualmente, como livro básico para cursos de morfologia vegetal, ministrados em escolas de biologia e agronomia.

Essa matéria é, sem dúvida, base indispensável aos trabalhos de identificação de drogas vegetais, bem como aos de microscopia de alimentos.

O conteúdo do livro fornece subsídios fundamentais para o ensino de morfologia vegetal – macroscopia e anatomia – a professores de cursos superiores; contribui também para professores de ensino médio em assuntos por eles ministrados em seus cursos.

Animados pelos constantes e poderosos estímulos que recebemos de colegas dessa área de trabalho, bem como de pessoas amigas, procuramos reunir neste livro uma série de exercícios práticos de Botânica Morfológica. Esses exercícios são ordenados de maneira a proporcionar aos estudiosos de Botânica visão favorável da forma vegetal, possibilitando sua aplicação em vários campos do saber.

Os autores procuraram selecionar plantas brasileiras comuns, encontradas com muita frequência na maioria dos jardins e quintais, para servir de material de trabalho nos referidos exercícios. Com isso, visam facilitar aos professores da área na escolha de materiais, alvo dos trabalhos práticos de seus alunos.

A escolha de espécies vegetais portadoras de determinadas características, como tipos de cristal de oxalato de cálcio, formas de escleritos, tipos de estruturas de órgãos vegetais, nem sempre é fácil para o professor que precisa orientar trabalhos práticos de Botânica. As plantas citadas em livros estrangeiros quase sempre não são muito comuns no Brasil.

O livro contém, ainda, uma série de ilustrações distribuídas pelos seus 14 capítulos, todas originais, que possibilitam ao aluno observação adequada do assunto objeto da aula, bem como o seu pronto entendimento.

Os autores

Sumário

1. **Introdução ao trabalho de microscopia, 1**

O microscópio óptico, 1

Parte mecânica, 1

Base ou pé, 1

Estativo, 2

Mesa ou platina, 3

Tubos de encaixe ou canhão, 3

Parafusos macrométrico e micrométrico, 3

Revólver ou mecanismo para troca de objetivas, 3

Parte óptica, 4

Oculares, 4

Objetivas, 4

Condensador e diafragma, 4

Espelho ou luz embutida, 4

Uso e cuidados com o microscópio, 4

Cuidados, 4

Uso, 5

Lupa estereoscópica, 5

2. **Técnica de corte a mão livre, 7**

Obtenção de cortes a mão livre, 7

Emprego de lâmina de barbear, 7

Clareamento dos cortes, 8

Coloração pela hematoxilina de Delafield, 9

Montagem da lâmina, 9

Fechamento da lâmina, 10

Outros tipos de coloração, 10

Coloração pelo azul de astra, 10

Coloração dupla pelo azul de astra e fucsina, 10

Coloração de azul de astra e safranina, 10

3. **Desenho do material em estudo,** *11*
Introdução, *11*
Desenho esquemático , *11*
Desenho de detalhe, *11*
Demarcação dos limites do desenho, *12*

4. **Trabalhos práticos,** *13*
Introdução, *13*
Trabalho prático nº 1, *13*
Trabalho prático nº 2, *16*

5. **Substâncias ergásticas,** *19*
Introdução, *19*
Inclusões celulares orgânicas, *19*
Amilo, *19*
Trabalho prático nº 3, *19*
Hidrólise do amilo, *20*
Trabalho prático nº 4, *20*
Identificação dos amilos oficiais, *21*
Amido de milho (*Zea mays L*), *21*
Amido de arroz (*Oryza Sativa L*), *21*
Amido de trigo (*Triticum vulgare Vill*), *21*
Fécula de mandioca (*Manihot esculenta Grantz*), *21*
Fécula de batata (*Solanum tuberosum L*), *22*
Trabalho prático nº 5, *22*
Trabalho prático nº 6, *23*
Grãos de aleurona, *24*
Trabalho prático nº 7, *24*
Esferocristais de inulina, *24*
Trabalho prático nº 8, *25*
Gotículas de óleo fixo e de óleo essencial, *26*
Trabalho prático nº 9, *26*
Trabalho prático nº 10, *26*
Inclusões celulares inorgânicas, *27*
Oxalato de cálcio, *27*
Trabalho prático nº 11, *27*
Trabalho prático nº 12, *28*
Trabalho prático nº 13, *29*
Trabalho prático nº 14, *29*

Trabalho prático nº 15, *30*

Verificação da natureza dos cristais presentes, *30*

Carbonato de cálcio, *31*

Trabalho prático nº 16, *31*

Verificação da natureza do cistólito, *32*

6. Histologia vegetal, *33*

Introdução, *33*

Tecidos permanentes simples, *33*

Parênquima, *33*

Trabalho prático nº 17, *33*

Trabalho prático nº 18, *34*

Trabalho prático nº 19, *35*

Colênquima, *36*

Tipos de colênquima, *36*

Trabalho prático nº 20, *37*

Trabalho prático nº 21, *38*

Trabalho prático nº 22, *39*

Esclerênquima, *39*

Trabalho prático nº 23, *40*

Trabalho prático nº 24, *41*

Trabalho prático nº 25, *42*

Trabalho prático nº 26, *44*

Trabalho prático nº 27, *45*

Súber, *45*

Trabalho prático nº 28, *46*

Trabalho prático nº 29, *47*

Tecidos permanentes complexos, *47*

Epiderme, *47*

Trabalho prático nº 30, *48*

Trabalho prático nº 31, *49*

Trabalho prático nº 32, *50*

Trabalho prático nº 33, *50*

Floema, *51*

Trabalho prático nº 34, *51*

Trabalho prático nº 35, *53*

Xilema, *54*

Trabalho prático nº 36, *54*

Trabalho prático nº 37, *56*

Trabalho prático nº 38, *56*

7. **Feixes vasculares, 59**

Introdução, 59

Trabalho prático nº 39, 59
Trabalho prático nº 40, 60
Trabalho prático nº 41, 61
Trabalho prático nº 42, 62
Trabalho prático nº 43, 64

8. **Tipos de estelos, 65**

Introdução, 65

Tipos de estelos caulinares, 65

Sifonostelos, 65

Atactostelo, 65

Polistelo, 66

Trabalho prático nº 44, 66
Trabalho prático nº 45, 66
Trabalho prático nº 46, 67
Trabalho prático nº 47, 68

Tipos de estelos radiciais, 69

Protostelo, 69

Actinostelo, 69

Trabalho prático nº 48, 69
Trabalho prático nº 49, 70

9. **Raiz, 71**

Introdução, 71

Trabalho prático nº 50, 71
Trabalho prático nº 51, 72
Trabalho prático nº 52, 74
Trabalho prático nº 53, 76

10. **Caule, 77**

Introdução, 77

Trabalho prático nº 54, 78
Trabalho prático nº 55, 78
Trabalho prático nº 56, 79
Trabalho prático nº 57, 80
Trabalho prático nº 58, 81

11. Folha, 83

Introdução, 83
Lâmina foliar ou limbro, 83
  Contorno, 83
    Trabalho prático nº 59, 85
    Trabalho prático nº 60, 86
    Trabalho prático nº 61, 86
    Trabalho prático nº 62, 87
    Trabalho prático nº 63, 87
    Trabalho prático nº 64, 87
    Trabalho prático nº 65, 87
    Trabalho prático nº 66, 88
    Trabalho prático nº 67, 89
    Trabalho prático nº 68, 90

12. Flor, 91

Introdução, 91
Diagrama e fórmula floral, 92
    Trabalho prático nº 69, 93
    Trabalho prático nº 70, 93
  Observação de estrutura de ovário, 93
    Trabalho prático nº 71, 95
  Observação de grãos de pólen, 95

13. Fruto, 97

Introdução, 97
    Trabalho prático nº 72, 97
    Trabalho prático nº 73, 97
    Trabalho prático nº 74, 98
    Trabalho prático nº 75, 98
    Trabalho prático nº 76, 99

14. Semente, 101

Introdução, 101
    Trabalho prático nº 77, 101
    Trabalho prático nº 78, 102
    Trabalho prático nº 79, 102
    Trabalho prático nº 80, 103
    Trabalho prático nº 81, 104
    Trabalho prático nº 82, 105

15. **Identificação de plantas,** *107*
Generalidades, *107*

16. **Corantes e reativos mais empregados em histologia,** *109*

Introdução ao trabalho de microscopia

O conhecimento da natureza íntima dos vegetais e dos animais só se tornou possível depois da invenção do microscópio pelos irmãos Hans e Zacharias Jansen. Coube, entretanto, a Robert Hooke a descoberta da célula. Esse cientista, observando ao microscópio um pedaço de cortiça, verificou que esse material era formado de pequenos compartimentos comparáveis a um favo de mel, denominando-os de *little boxes or cells*.

A importância dessa descoberta não ocorreu de pronto; entretanto, a partir desse instante, estava batizado o caminho do conhecimento da estrutura microscópica dos seres vivos.

O MICROSCÓPIO ÓPTICO

A palavra microscópio é de origem grega. Provém de *micros*, que significa pequeno, e de *scopein*, que significa observar, olhar com atenção. É um instrumento físico que serve para ampliar, à vista, objetos muito pequenos.

O estudo da natureza íntima dos vegetais, ou seja, de suas células, de seus tecidos, de seus órgãos, com referência à forma, só é possível de ser executado com o auxílio desse aparelho óptico.

Conhecer o microscópio a fim de poder usá-lo em sua plenitude é tarefa indispensável a todos que se dedicam ao conhecimento da Biologia e da Farmácia.

Todo microscópio se compõe de uma parte mecânica e uma óptica.

A parte mecânica do microscópio é composta por base ou pé, estativo, mesa ou platina, tubos de encaixe ou canhão, parafusos macrométrico e micrométrico, revólver ou mecanismo para troca de objetivas.

A parte óptica, por sua vez, é composta por oculares, objetivas, condensador com diafragma, espelho para orientar o feixe luminoso ou luz embutida.

Parte mecânica

Base ou pé

A base ou pé (Fig. 1.1-1) é confeccionada com materiais pesados, visando dar estabilidade ao aparelho. A forma dessa parte do microscópio é variável. Pode se apresentar em forma de ferradura, em forma de V, ser arredondada ou retangular.

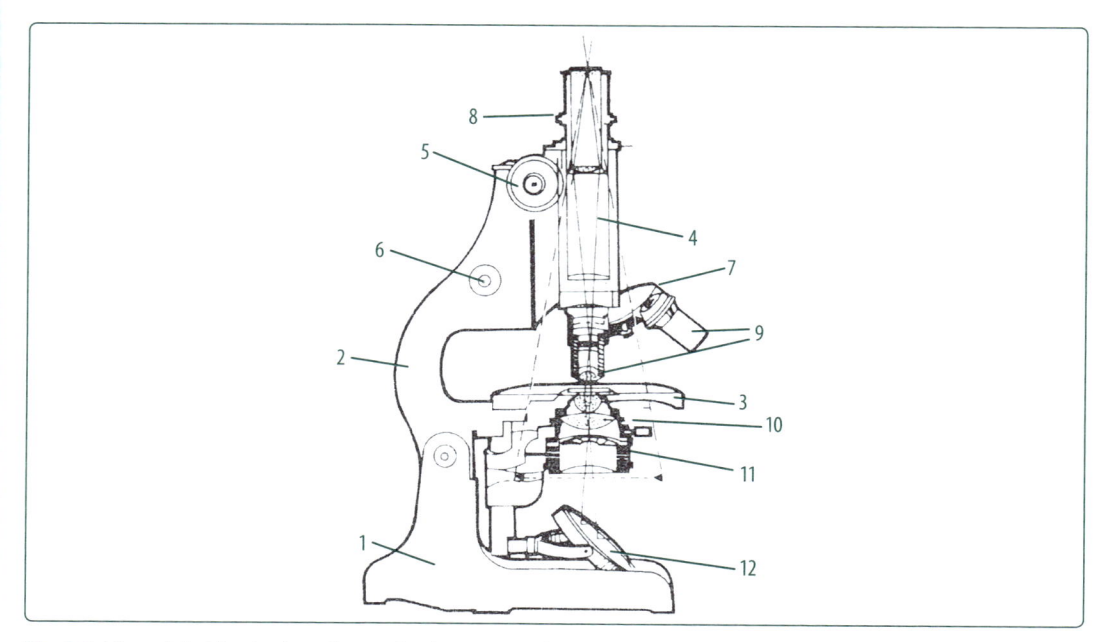

Fig. 1.1. Microscópio ótico: 1 – base; 2 – estativo; 3 – mesa ou platina; 4 – tubo ou canhão; 5 – parafuso macrométrico; 6 – parafuso micrométrico; 7 - revólver; 8 – ocular; 9 – objetivas; 10 – condensador; 11 – diafragma; 12 – espelho.

Estativo

O estativo (Fig. 1.1-2), também denominado braço, haste ou suporte, é igualmente de construção sólida. Dependendo do tipo de microscópio, o estativo pode ser fixo ou provido de movimento basculante, favorecendo assim a observação. Nos microscópios mais modernos é fixo, sendo provido de braço recurvado para facilidade de uso pelo observador. O estativo suporta o canhão onde se localizam as oculares, a mesa ou platina, o porta-condensador, o espelho ou a luz embutida. Em alguns modelos, a luz embutida localiza-se sobre o pé do microscópio.

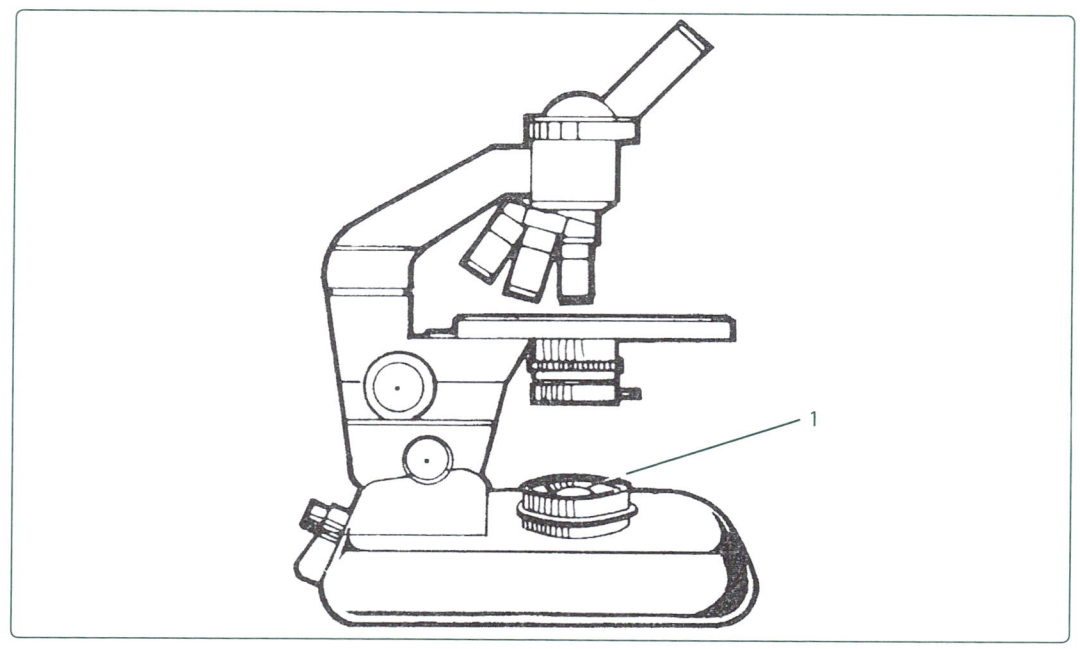

Fig.1.2. Microscópio com luz embutida: 1 – fonte de luz.

Mesa ou platina

A mesa ou platina (Fig. 1.1-3) pode ser fixa simplesmente ou apresentar outra peça superior deslizante movimentada por meio de botões e denominada carro ou *charriot*, destinada a movimentar a lâmina em que se localiza a peça a ser observada. Sobre a mesa existem ainda pinças para prender a lâmina. No centro da mesa existe uma abertura para passagem do feixe de raios luminosos.

Debaixo da platina localiza-se a subplatina, em que se encontra fixado o condensador. A distância entre a platina e o condensador pode ser regulada por meio de um parafuso.

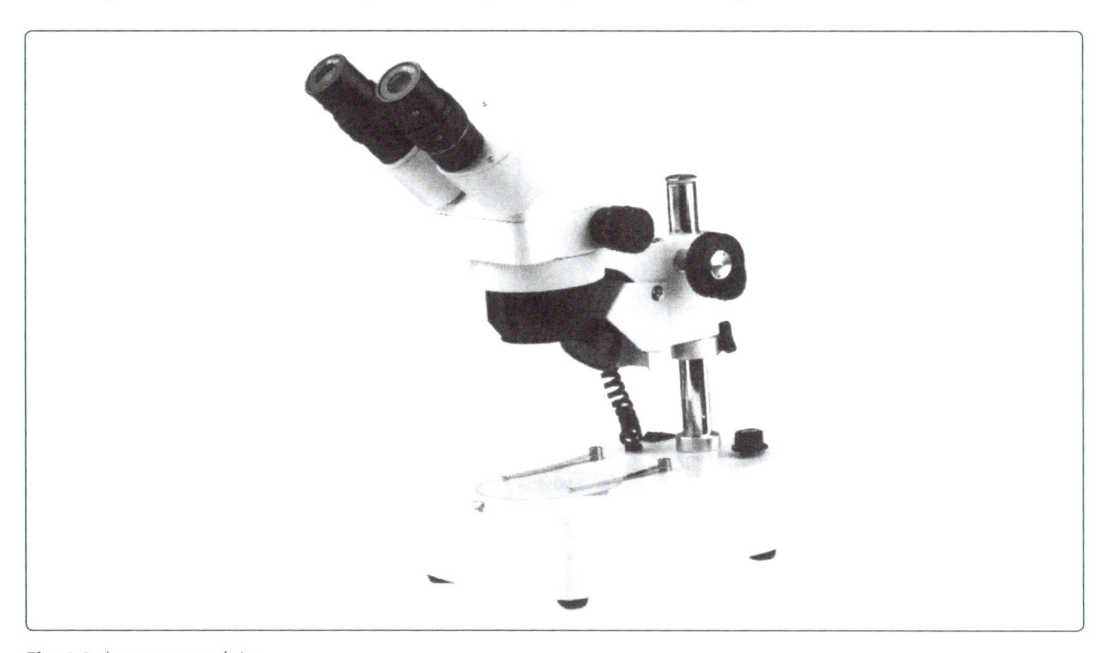

Fig. 1.3. Lupa estereoscópica.

Tubos de encaixe ou canhão

O tubo ou canhão (Fig. 1.1-4) geralmente é uma peça cilíndrica que leva em sua parte superior a ocular. Existem tubos monoculares e bioculares.

Para baixar ou subir o tubo de encaixe em relação à platina empregam-se os parafusos macrométrico e micrométrico. A movimentação do tubo se faz por meio de cremalheira. Existem microscópios em que o tubo é fixo e os referidos parafusos movimentam a mesa ou platina para se obter a focalização.

Parafusos macrométrico e micrométrico

O movimento do canhão ou da mesa é obtido por meio dos parafusos macrométrico e micrométrico (Figs. 1.1-5 e 1.1-6) acionados por botões localizados abaixo ou acima da platina. Esse deslocamento é dado pelo sistema de precisão constituído por mecanismo de pinhão e cremalheira de dentes diagonais. O deslocamento grosseiro se faz por meio do parafuso macrométrico, e o ajuste por meio do parafuso micrométrico.

Revólver ou mecanismo para troca de objetivas

Este mecanismo localiza-se na base do tubo e acima da platina. Sobre o revólver (Fig. 1.1-7), se encaixam, através de roscas, as objetivas, que podem ser três ou quatro.

O revólver é provido de movimento circular que permite mudar as objetivas.

Parte óptica

Oculares

As oculares (Fig. 1.1-8) são lentes destinadas a ampliar a imagem formada nas objetivas. Tem funcionamento à maneira de lupa, produzindo imagem não invertida. O aumento referente a essas lentes é geralmente de 4, 5, 6, 8, 10, 12,15 e 20 vezes.

O aumento das oculares aparece gravado em sua parte superior.

Objetivas

As objetivas (Fig. 1.1-9) correspondem às lentes mais importantes do microscópio. Acham-se instaladas sobre o revólver. Existem diversos tipos de objetivas, que, além de aumentarem a imagem, procuram corrigir defeitos cromáticos.

O aumento dessas lentes é geralmente de 4, 10, 40 e 100 vezes.

Observação

O microscópio, para o seu uso, exige uma série de procedimentos preliminares. É necessário que a estrutura a ser observada seja suficientemente fina e que permita que o feixe luminoso passe através dela. É necessário ainda o emprego de lâmina de microscopia bem como de lamínula entre as quais a estrutura a ser observada deve estar incluída em um meio adequado. Lâmina e lamínula devem estar bem limpas, isentas de gorduras e outras sujidades que possam atrapalhar a boa visualização. O conjunto assim montado deve ser colocado sobre a platina no local destinado para isso. Liga-se a fonte luminosa e procede-se a focalização, começando sempre pela objetiva de menor aumento. Efetuam--se a seguir todos os ajustes necessários a uma boa visualização e procede-se a análise.

Condensador e diafragma

O condensador (Fig. 1.1-10) está localizado abaixo da platina, sendo fixado ao portacondensador. Sua finalidade, como o próprio nome diz, é condensar a luz. É dotado geralmente de duas lentes, existindo outras três ou mais lentes.

Acompanhando o condensador, há o diafragma (Fig.1.1-11) ou sistema de íris, cuja abertura é regulável. Destina-se a restringir o feixe de luz. Usa-se o diafragma pouco aberto com objetivas de pequeno aumento, abrindo-se um pouco mais com objetivas de maior aumento.

Espelho ou luz embutida

O espelho (Fig. 1.1-12) situa-se abaixo do condensador. Geralmente, existe espelho côncavo e espelho plano reunidos em uma mesma peça. A peça gira em torno de um eixo de maneira a permitir o uso da face plana ou da face côncava. O espelho côncavo é utilizado com as objetivas comuns, ao passo que o espelho plano é empregado com a objetiva de imersão.

Nos microscópios modernos, o espelho é substituído por luz fria embutida na base, posicionando a luz diretamente sobre o condensador.

USO E CUIDADOS COM O MICROSCÓPIO

Cuidados

O microscópio deve ser guardado adequadamente de maneira a ficar protegido de poeiras. Para isto deve ser coberto pela capa especial que o acompanha. O aparelho, de preferência, deve ser fixado sobre a mesa de trabalho, evitando ao máximo o transporte de um lado para o outro. Quando for necessário transportar o microscópio, ele deve ser seguro pelo braço do estativo e apoiado pelo pé de forma a permanecer na posição vertical.

Com referência à limpeza, deve-se empregar flanela macia para as partes mecânicas e lenço de papel absorvente para as lentes. Não utilizar, em caso algum, material que possa arranhar as lentes.

Uso

O primeiro item a ser cuidado é o da iluminação. Quando o microscópio possui luz embutida, acende-se a luz e ajusta-se o diafragma para a iluminação desejada. Caso contrário, coloca-se o aparelho frente à fonte luminosa e, com o auxílio do espelho, ajusta-se o feixe luminoso. Coloca-se, a seguir, a lâmina com a preparação sobre a platina, prendendo-a com o auxílio das pinças. Coloca-se o objeto a ser examinado na direção da lente do condensador, localizando-o aproximadamente no centro do orifício que existe na platina. Se necessário, posicionar objetiva de menor aumento para a focalização. Olhando-se lateralmente, baixa-se o canhão até que a objetiva de menor aumento fique bem próxima do objeto a ser analisado. Observando-se por meio da ocular, sobe-se o canhão cuidadosamente até que a imagem apareça nitidamente. O ajuste fino deve ser feito através do parafuso micrométrico. A observação do objeto deve ser executada movimentando-se o parafuso micrométrico delicadamente para frente e para trás a fim de se observar minúcias. Para passar para aumento maior, coloque o detalhe a ser observado no meio do campo e a seguir, gire o revólver trocando a objetiva; finalmente ajuste, se necessário, a iluminação.

LUPA ESTEREOSCÓPICA

A palavra lupa vem do francês *loupe*, ou seja, lente de aumento.

A lupa estereoscópica é um tipo de instrumento óptico destinado à observação de amostras com grande relevo, como órgãos vegetais pequenos e inteiros ou seccionados, geralmente medindo não mais que 1 cm em qualquer uma de suas dimensões. Raízes, caules, folhas, flores, frutos e sementes são observados com frequência com o auxílio de lupa visando perceber detalhes não visíveis à vista desarmada. Na análise de madeira, visando à sua identificação, observa-se o "corpo de prova" à lupa. O mesmo seja dito de drogas vegetais constituídas de cascas, raízes, caules, folhas, frutas e sementes.

A lupa ou microscópio estereoscópico também é muito utilizada em morfologia vegetal. Apresenta partes semelhantes às encontradas no microscópio. Assim, fazendo parte da lupa temos: base sólida estativa, tubo binocular inclinado provido de ajuste pupilar, oculares, objetivas, comando para focalização e macrometria, duplo sistema de iluminação, potenciômetro para regular a intensidade da luz, platina e pinça-prende objetos e sistema de alimentação elétrico.

O aumento proporcionado geralmente varia de 5 a 80 vezes.

Técnica de corte a mão livre

OBTENÇÃO DE CORTES A MÃO LIVRE

Para a observação em microscopia óptica é indispensável que o material a ser observado seja suficientemente fino e transparente. Isto significa que o material deve ser cortado e, posteriormente, clarificado, podendo ser, a seguir, corado ou não.

A anatomia vegetal, quer seja encarada sob o ponto de vista citológico, histológico ou organográfico, exige portanto quase sempre, a efetuação de cortes do material a ser estudado. Esses cortes são efetuados a mão livre ou com auxílio de micrótomos. No caso dos cortes a mão livre, valemo-nos, a maior parte das vezes, de suportes, no interior dos quais incluímos as peças a serem cortadas. Esses suportes, geralmente, são confeccionados com medula do pecíolo da folha de embaúba (*Cecropia* sp), medula do caule de sabugueiro (*Sambucus* sp) ou, ainda, com menor frequência, medula do caule de girassol (*Helianthus* sp).

Pedaços de 3 a 4 cm de comprimento de medula de pecíolo de embaúba de formato cilíndrico são divididos longitudinalmente em duas partes iguais, como mostra a figura (Fig. 2.1). Efetua-se, a seguir, uma ranhura, de maneira a incluir, sem deixar folgas, a peça a ser cortada. Em tal inclusão tem-se forçosamente de levar em consideração o sentido do corte que se quer obter. Esses cortes são efetuados geralmente em um dos seguintes sentidos:

- corte transversal;
- corte longitudinal radial;
- corte longitudinal tangencial;
- corte paradérmico (este corte é superficial e paralelo à superfície do órgão a ser estudado).

Emprego de lâmina de barbear

Na obtenção de cortes a mão livre é comum empregar navalha ou lâmina de barbear. O fácil manejo e o preço relativamente pequeno motivaram a escolha, em nossos trabalhos, das lâminas para a obtenção de cortes a mão livre.

Os cortes são obtidos com dois movimentos rápidos e conjugados da lâmina sobre o material a ser cortado, incluídos na medula (um movimento para dentro e outro para a direita). Com o auxílio de um pincel, leva-se o corte para um recipiente contendo água destilada. Após serem obtidos diversos cortes, escolhem-se os melhores. Os cortes mais finos são os mais transparentes.

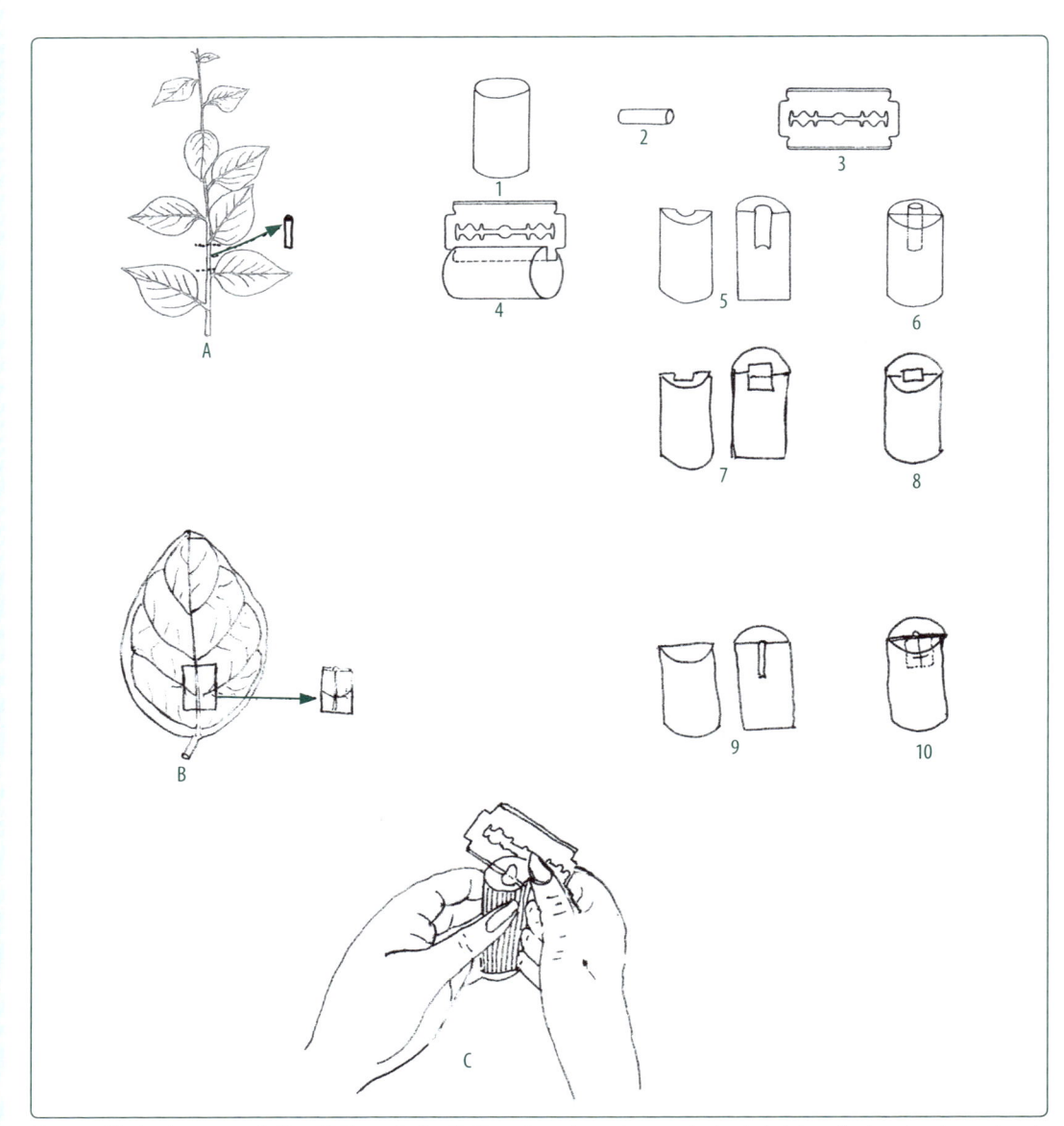

Fig. 2.1. Técnica de corte a mão livre. **A.** Ramo de dicotiledônea do qual se retira peça destinada à elaboração de cortes: 1 – pedaço de medula de embaúba (obtido a partir do pecíolo da folha); 2 – peça destinada ao corte; 3 – lâmina de barbear; 4 – seccionamento da medula de embaúba (peça cilíndrica cortada longitudinalmente de forma a obter duas metades praticamente iguais); 5 – medula de embaúba na qual se elaborou cavidade para receber peça destinada ao corte devidamente ajustada, possibilitando a execução de secção transversal; 6 – medula de embaúba com peça destinada a elaboração de cortes transversais; 7 – medula de embaúba com cavidade adequada a receber peça destinada à obtenção de cortes longitudinais; 8 – medula de embaúba com peça disposta de maneira a possibilitar a execução de cortes longitudinais. **B.** Folha de dicotiledônea com região do terço médio inferior marcada para retirada de peça destinada à elaboração de cortes transversais; 9 – medula de embaúba cortada longitudinalmente e com ranhura delicada destinada a abrigar a nervura mediana da peça retirada da folha; 10 – peça devidamente ajustada para cortes transversais incluídas na medula. **C.** Posição das mãos do operador na execução de cortes.

Clareamento dos cortes

Efetua-se o clareamento dos cortes com o auxílio de solução de hipoclorito de sódio (água de lavadeira, água sanitária), ou do cloral hidratado (solução a 60%).

Os cortes escolhidos são transportados para o hipoclorito, e ali devem permanecer até completa descoloração. Essa operação deve ser efetuada com o auxílio de um estilete e não com o pincel. Após a descoloração, o material é submetido à lavagem de modo a eliminar o hipoclorito. Lava-se, portanto, com bastante água.

Nas análises de rotina de plantas medicinais ou de vegetais usados na alimentação *in natura* ou tecnologicamente processados, quando a intenção é observar rapidamente as estruturas vegetais sem a preocupação de corá-las previamente utiliza-se a solução de cloral hidratado a 60%. Assim, após a obtenção dos cortes, estes são transferidos para uma gota da solução de cloral previamente colocada sobre uma lâmina de microscopia. Cobre-se o material com lamínula. Segue-se o aquecimento da montagem até a fervura por aproximação e afastamento do conjunto à chama de uma lamparina, tomando-se os seguintes cuidados:

- evitar fervura brusca; para isso, aproximar e afastar periodicamente o conjunto de chama;
- completar o volume de cloral evaporado com auxílio da capilaridade e de um conta-gotas;
- procurar eliminar as bolhas formadas e remover o excesso de cloral, caso necessário, com pequeno pedaço de papel de filtro.

Obtido o material clarificado, deve-se promover a sua observação.

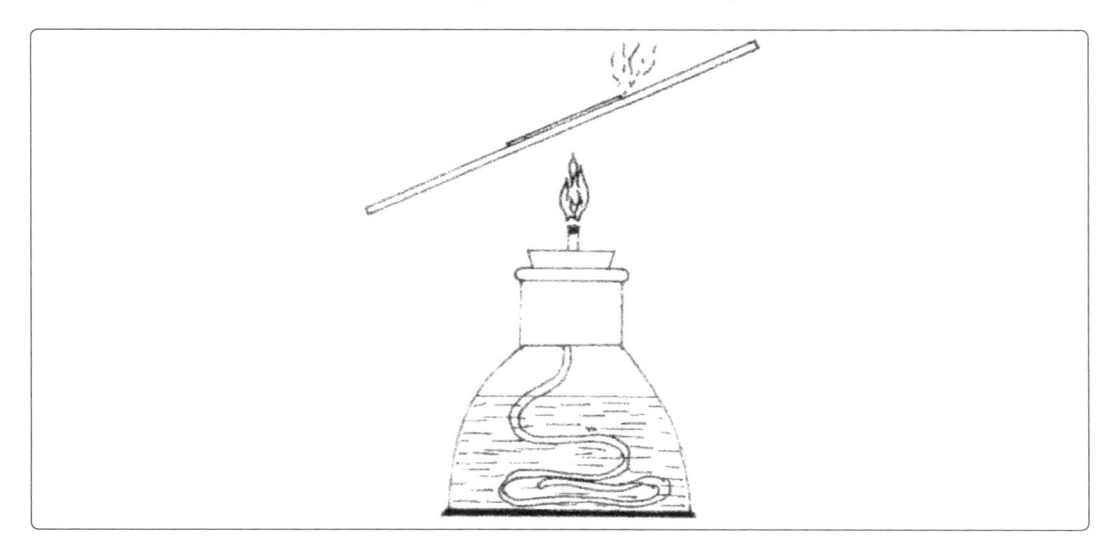

Fig. 2.2. Lamparina a álcool: inclinação correta que se deve dar ao preparado durante a fervura branda com cloral.

Coloração pela hematoxilina de Delafield

Colocam-se duas gotas de hematoxilina de Delafield em um pequeno vidro de relógio. Transportam-se, a seguir, os cortes para o corante, permanecendo aí, em geral, por 2 ou 3 minutos. Deve-se ter o cuidado de, ao transferir os cortes, não utilizar estilete sujo de água sanitária (hipoclorito de sódio), pois isso levará infalivelmente à descoloração do material; após esse tempo, os cortes são retirados do corante e lavados.

Montagem da lâmina

Limpam-se muito bem uma lâmina e uma lamínula. Sobre a lâmina, coloca-se uma gota d'água. Transporta-se, a seguir, com todo o cuidado, o corte para a gota d'água com o auxílio de um estilete. Cobrem-se, também com muito cuidado, o corte e a gota d'água com a lamínula, conforme mostra a figura (Fig. 2.3).

A água não deve ser adicionada em excesso, devendo ser o suficiente para preencher totalmente o espaço sob a lamínula.

Pode-se substituir a água por glicerina. Neste caso, deve-se ter o cuidado de eliminar possíveis bolhas de ar da glicerina. A glicerina não deve extravasar; todavia, deve preencher totalmente o espaço sob a lamínula. Caso isso não tenha acontecido, completar o volume de glicerina utilizando o conta-gotas, aproveitando o fenômeno de capilaridade. Enxugar o excesso.

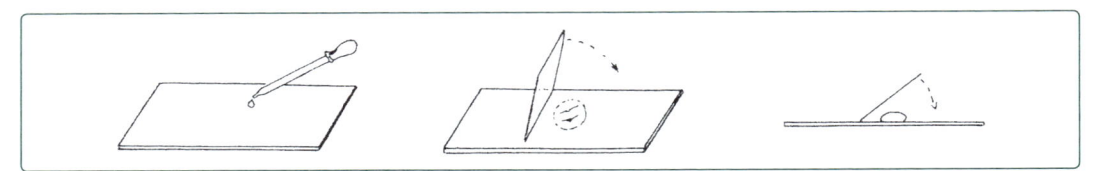

Fig. 2.3. Montagem da lâmina. Modo de cobrir os cortes com a lamínula.

Fechamento da lâmina

Quando o material é montado em glicerina, pode-se prender a lamínula à lâmina empregando-se esmalte para unhas, em um procedimento rápido, fácil e estético. Esse tipo de preparo de lâmina é denominado semipermanente e permite conservar os cortes histológicos por cerca de seis meses.

Outros tipos de coloração

Coloração pelo azul de astra

Os cortes, após descoloração e lavagem, são colocados em duas ou três gotas de corante, permanecendo em contato com o líquido por cerca de 2 a 3 minutos. Lavam-se os cortes com água destilada. Segue-se montagem em glicerina.

Coloração dupla pelo azul de astra e fucsina

Após descoloração e lavagem, os cortes são colocados em duas a três gotas de azul de astra, permanecendo em contato com o líquido por 2 a 3 minutos. Lavam-se os cortes com água destilada e transferem-se os cortes para a solução de fucsina, na qual devem permanecer por 1 a 2 minutos. Lavam-se os cortes em água destilada novamente. Segue-se montagem em glicerina.

Esta dupla coloração permite efetuar diferenciação entre paredes celulósicas e lignificadas.

Coloração de azul de astra e safranina

Os cortes, após descoloração e lavagem, são transferidos para uma solução de azul de astra a 1% em solução de ácido tartárico a 2%, misturados a solução alcoólica de safranina a 1% na proporção 95:5, por cerca de 15 segundos. Os cortes são em seguida lavados e montados em glicerina.

O tempo indicado de permanência dos cortes no corante é aproximado. O controle desse tempo costuma ser efetuado visualmente, visando à melhor qualidade dos preparados.

Outro tipo de montagem de cortes histológicos é em gelatina glicerinada, cuja fórmula é a seguinte:

Gelatina pó............................ 10,0g
Glicerina................................ 50 ml
Timol 1,0

Água destilada .... 50 ml

O produto final é pastoso. Para a montagem em gelatina glicerinada retira-se uma pequena quantidade do material e coloca-se sobre a lâmina; em seguida, aquece-se a lâmina e o material, promovendo-se a fusão. Transfere-se o corte para o líquido fundido e cobre-se com lamínula. Prende-se a lamínula à lâmina com esmalte para unhas.

Desenho do material em estudo

INTRODUÇÃO

O registro das aulas práticas deve ser efetuado por meio de desenhos. O material empregado nesta tarefa é bem simples: utiliza-se lápis de ponta bem fina, borracha macia e papel para desenho. Faz-se margem nas folhas. No topo da página, deve constar a legenda explicativa da aula, seguida de nome comum do vegetal empregado, nome científico, nome da família do vegetal e o assunto da aula.

Para centrar adequadamente o desenho, empregam-se linhas auxiliares bem finas e leves, pois deverão ser apagadas posteriormente. Assim, é hábito fazer-se uma linha vertical passando pelo centro da área do papel e duas outras horizontais que deverão delimitar a altura do desenho.

A observação da estrutura deve ser iniciada, empregando-se a objetiva menor. Esse procedimento permite ter ideia global da estrutura. A seguir, os detalhes são observados com o auxílio de objetivas de maior aumento.

Na elaboração do desenho, é importante o estabelecimento das proporções do objeto a ser desenhado.

Geralmente, são efetuados dois tipos de desenhos: desenho esquemático e desenho de minúcia, ou de detalhe.

DESENHO ESQUEMÁTICO

Geralmente, dá ideia global do material desenhado, correspondendo ao desenho simplificado que representa a forma do material. Podem ser empregados traços convencionais em sua elaboração. Frequentemente, emprega-se a convenção de Metcalfe e Chalk para representações de tecidos.

Neste tipo de desenho, levam-se em conta a forma do objeto e o tamanho relativo de cada uma de suas partes procurando-se dar ideia, o mais real possível, da proporção entre essas partes.

DESENHO DE DETALHE

É o desenho de região restrita. Deve corresponder à reprodução, o mais parecida possível, do material observado. Colocam-se todos os detalhes possíveis, já que se trata de região bem delimitada.

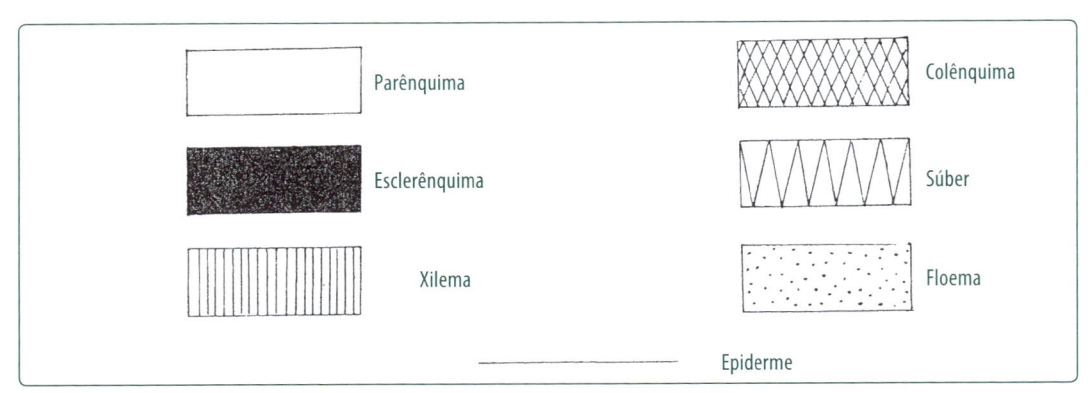

Fig. 3.1. Convenção de Metcalfe e Chalk para representação de tecidos vegetais em desenhos esquemáticos.

Demarcação dos limites do desenho

Os limites do desenho devem ficar bem expressos. Quando se desenha pequena região, deve-se terminar o desenho representando a metade da célula seguinte para se dar ideia de continuidade.

Devem-se, ainda, indicar as estruturas desenhadas por meio de traços drterminados por legenda.

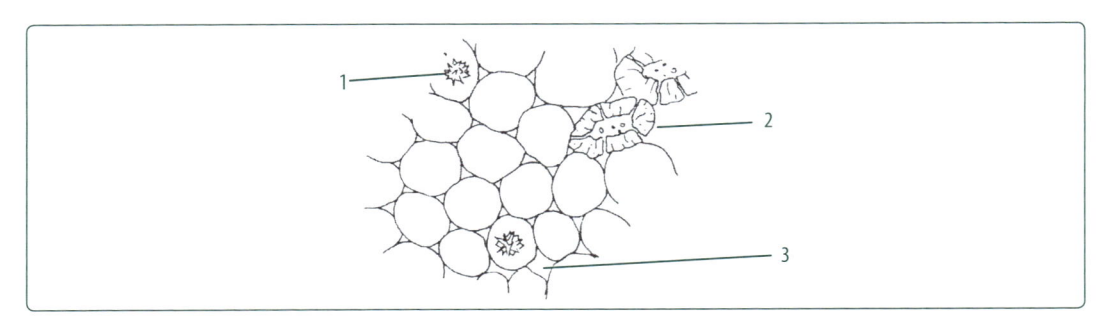

Fig. 3.2. Fragmento de tecido parenquimático: 1 – drusa; 2 – célula pétreas; 3 – espaço intercelular do tipo meato.

Trabalhos práticos

INTRODUÇÃO

Os trabalhos práticos de Botânica Morfológica são indispensáveis ao bom aproveitamento da disciplina. Negar ao aluno o contato direto com o material botânico destinado ao ensino é pelo menos privá-lo da oportunidade de se desenvolver adequadamente. Habilidades, como o desenvolvimento da capacidade de observação, com o intuito de coletar informações, perceber detalhes, descrever minuciosamente o material em estudo, são fundamentais ao aprendizado. Está, portanto, fora de dúvidas que o contato direto com o material em estudo, observando-o à vista desarmada ou com auxílio de instrumentos, que a percepção de seu cheiro ou de seu sabor e a verificação das características de sua superfície contribuem muito para sua identificação, sejam quais forem as finalidades desejadas. É muito importante para a finalidade filosófica, ou seja, para o enfoque como ciência pura, bem como no contexto da ciência aplicada.

A identificação de alimentos vegetais com o intuito de verificar a qualidade de alimentos processados é de fundamental importância. Permite a detecção de fraudes e a substituição de um alimento por outro com o fim de obter lucro maior. Diga-se o mesmo para a análise de drogas vegetais destinadas à obtenção de medicamentos ou à elaboração de bebidas como o chá, o café, o mate, o guaraná, a cola e o cacau.

TRABALHO PRÁTICO Nº 1

Material: Bulbo de cebola – escamas ou catafilos
Nome científico: *Allium cepa* L
Família: *Liliaceae*
Objetivo: observação de célula vegetal – parede celular, citoplasma, núcleo, células normais e células plasmolisadas.

A cebola á um bulbo tunicado. Bulbos são estruturas complexas formadas por folhas modificadas ou catafilos, caule, raízes adventícias e gema. Na cebola, o alimento é armazenado nas folhas ou catafilos internos. As folhas mais externas ficam secas, diferindo das mais internas.

Procedimento

1. Observar uma cebola inteira com catafilo externo íntegro: 1 – região do talo ou broto; 2 – catafilo externo; 3 – raízes.

2. Observar uma cebola inteira com catafilo externo rompido: 1 – região do talo ou broto; 2 – catafilo externo; 3 – catafilo interno; 4 – raízes.

3. Seccionar transversalmente uma cebola, fazendo com que o corte seja efetuado na região mediana: 1 – catafilo externo; 2 – catafilo interno; 3 – broto.

4. Seccionar longitudinalmente uma cebola, fazendo com que o corte seja efetuado na região mediana: 1 – broto; 2 – catafilo externo; 3 – catafilo interno; 4 – região do prato; 5 – raízes.

5. Destacar um catafilo interno do conjunto. Retirar do catafilo destacado um pedaço retangular de aproximadamente 2 x 3 cm (Fig. 4.1-E).

6. Efetuar cortes paradérmicos do pedaço retangular com auxílio de uma lâmina de barbear (conforme Fig. 4.1-F): 1 – transferir os cortes obtidos, com o auxílio de um pincel, para um vidro de relógio contendo água; 2 – escolher os cortes mais finos (aqueles mais transparentes) e transferir para uma lâmina de microscopia, na qual previamente foram colocadas uma gota de lugol diluído e uma gota de água; 3 – cobrir o conjunto com lamínula e enxugar o excesso de reativo com papel de filtro; 4 – observar ao microscópio, primeiro com 100 vezes de aumento (para focalizar), depois com 400 vezes de aumento. Desenhar (comparar com as Figs. 4.1-G e 4.1-I); 5 – retirar o lugol com um pedaço de papel-filtro, após levantar a lamínula, tomando o cuidado de deixar que o corte permaneça sobre a lâmina; 6 – adicionar uma gota de glicerina e cobrir novamente o preparado com a lamínula, evitando-se a formação de bolhas; 7 – aquecer ligeiramente o conjunto, aproximando-o e afastando-o da chama de uma lamparina; 8 – observar ao microscópio, como no caso anterior, notando-se o aspecto das células plasmolisadas (comparar com as Figs. 4.1-H e 4.1-J).

Observação

Pode-se substituir a solução de lugol diluído pela solução de azul de metileno diluído.

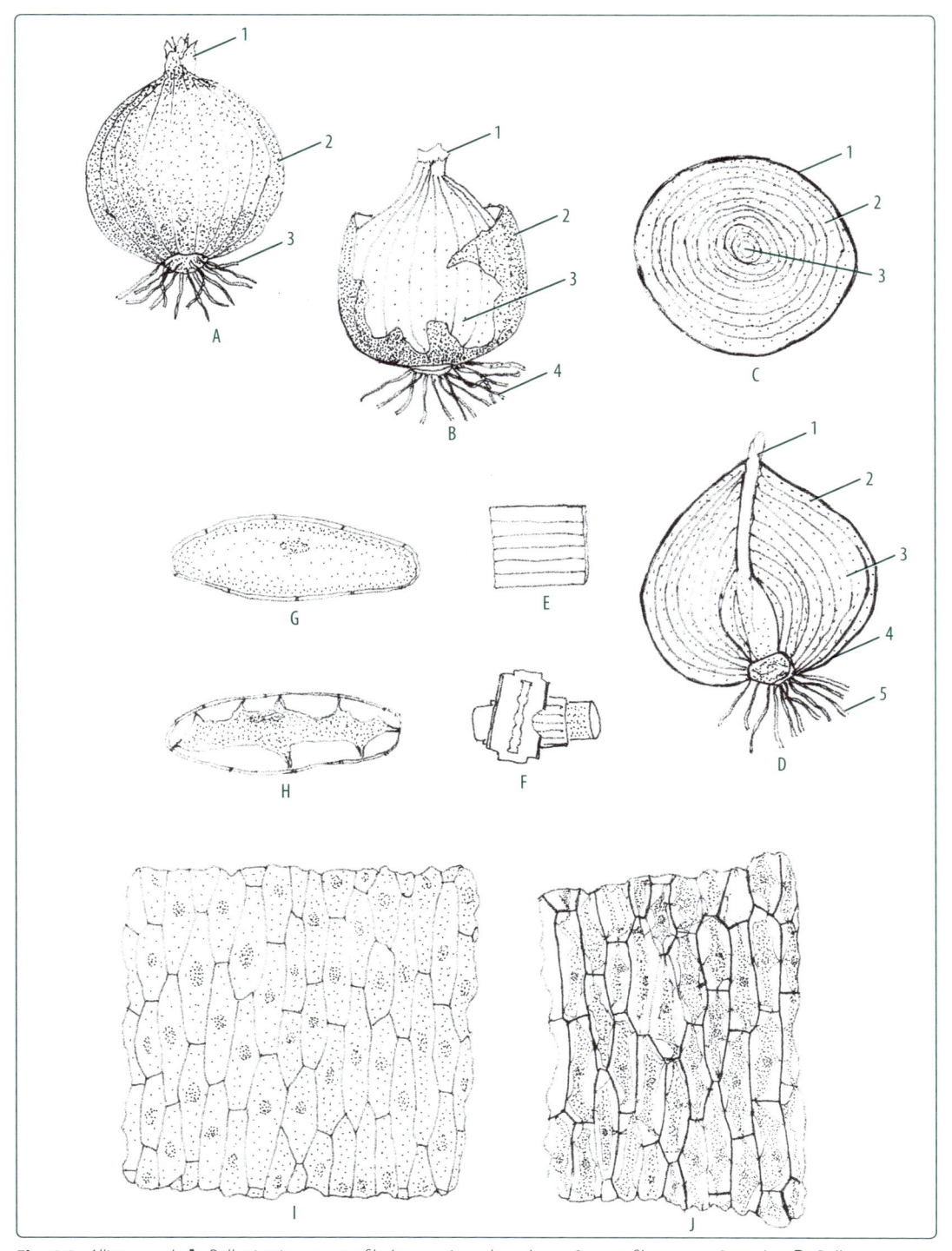

Fig. 4.1. *Allium cepa* L. **A.** Bulbo inteiro com catafilo íntegro: 1 – talo ou broto; 2 – catafilo externo; 3 – raízes. **B.** Bulbo inteiro com catafilo rompido: 1 – região do broto; 2 – catafilo externo rompido; 3 – catafilo interno; 4 – raízes. **C.** Secção transversal mediana do bulbo: 1 – catafilo externo; 2 – catafilo interno; 3 – broto. **D.** Secção longitudinal mediana do bulbo: 1 – broto; 2 – catafilo externo; 3 – catafilo interno; 4 – região do prato (caule); 5 – raízes. **E.** Catafilo interno: pedaço retangular apartado da peça. **F.** Maneira de execução do corte. **G.** Célula do catafilo em visão paradérmica. **H.** Célula plasmolisada do catafilo. **I.** Fragmento do catafilo em visão paradérmica: células normais. **J.** Fragmento do catafilo em visão paradérmica: células plasmolisadas.

TRABALHO PRÁTICO Nº 2

Material: Batatinha – tubérculo
Nome científico: *Solanum tuberosum* L
Família: *Solanaceae*
Objetivo: observação de célula vegetal contendo reservas – parede celular e reservas de amido.

A batatinha é um tubérculo, um tipo de caule subterrâneo de crescimento limitado e forma globosa especializado em armazenar substâncias de reserva. A superfície é envolta por um tecido suberoso onde podem ser vistas inúmeras gemas. Observa-se ainda, nesse tipo de caule, ausência de raízes.

Procedimento

1. Observar a superfície da batatinha. Notar a presença de gemas.
2. Cortar transversalmente o tubérculo.
3. Observar a superfície da secção transversal. Notar a presença externa da cásca (súber); notar região interna de cor amarelo claro na qual se pode ver uma série de pontos dispostos em círculo (feixes vasculares); notar no centro da estrutura a região da medula.
4. Tomar um pedaço do tubérculo da batatinha e cortá-lo com o auxílio de lâmina de barbear.
5. Levar os cortes a um vidro de relógio contendo solução de hipoclorito de sódio para a descoloração.
6. Retirar os cortes do hipoclorito de sódio com um estilete, passando-os para outro recipiente contendo água; lavá-los muito bem.
7. Transferir o corte para um vidro de relógio contendo de 2 a 3 gotas de hematoxilina de Delafield; deixá-lo ali até que o material fique corado adequadamente.
8. Lavar o corte com água para retirar o excesso de corante.
9. Colocar uma gota d'água sobre uma lâmina de microscopia e transferir o corte para a água e cobri-lo com lamínula.
10. Observar o corte ao microscópio.
11. Desenhar a célula vegetal contendo reservas.

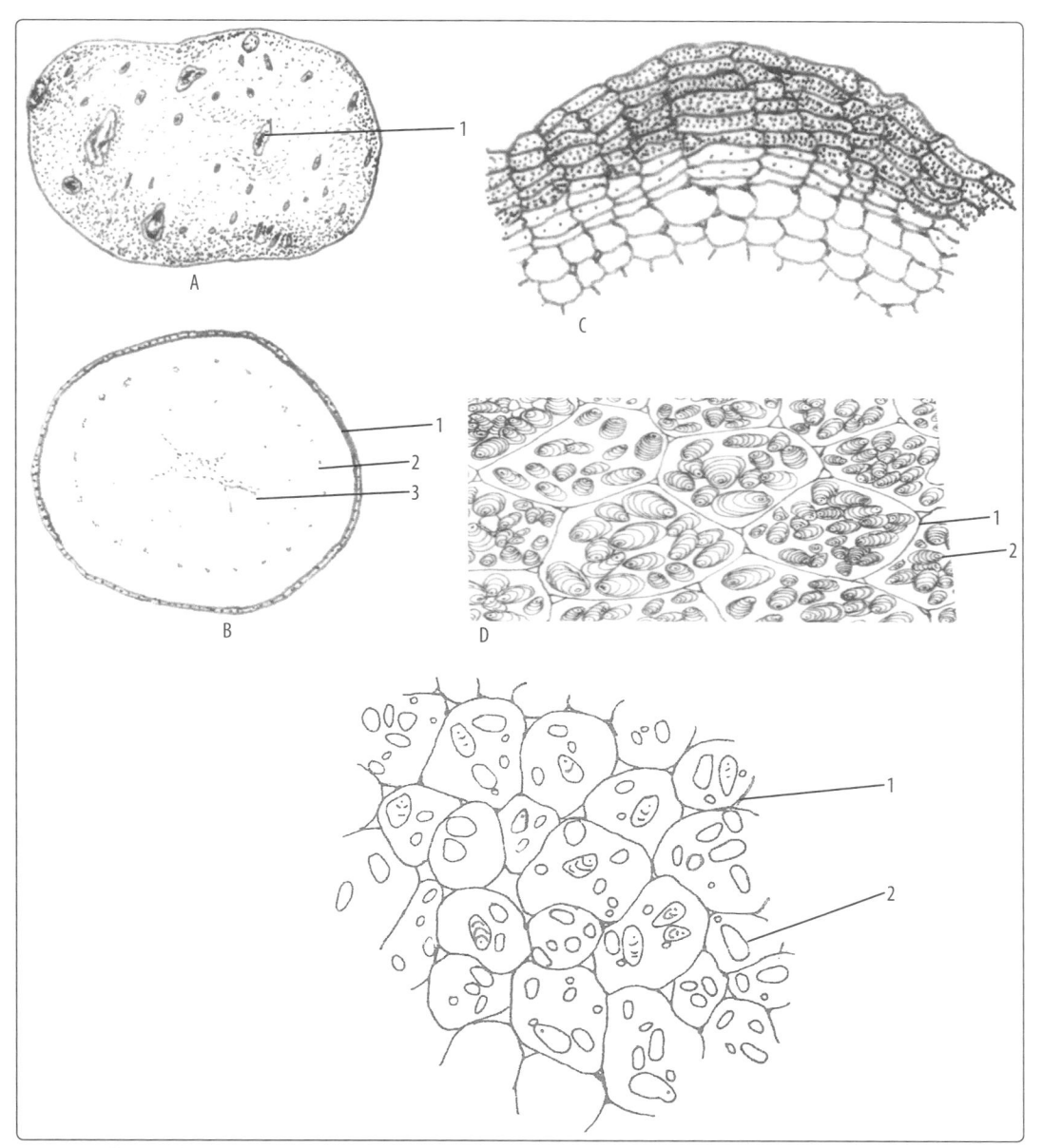

Fig. 4.2. *Solanum tuberosum* L: Batatinha – tubérculo. **A.** Tubérculo inteiro: 1 – gema. **B.** Tubérculo em secção transversal: 1 – casca (súber); 2 – região mediana interna contendo pontos (feixes vasculares); 3 – região interna ou medula. **C.** Secção externa em corte transversal mostrando células suberosos. **D** e **E.** Secção transversal mostrando células contendo grãos de amilo (fécula): 1 – parede celular; 2 – grão de amilo.

Substâncias ergásticas

INTRODUÇÃO

Substâncias ergásticas (do grego *ergazesthai* = trabalhar) são produtos resultantes do trabalho celular, ou melhor do metabolismo celular, e que assumem forma visível no interior das células, sendo por isso também denominadas inclusões celulares.

As substâncias ergásticas podem ser de natureza orgânica ou inorgânica.

INCLUSÕES CELULARES ORGÂNICAS

As inclusões celulares mais importantes são as seguintes: grãos de amilo, grãos de aleurona, esferocristais de inulina, gotículas de óleo e conteúdo tânico (taninos).

Amilo

Os grãos de amilo, produto resultante da polimerização da glicose, possuem formas típicas, dependendo da espécie em questão, as quais permitem sua identificação.

Os grãos de amilo mais importantes são obtidos de frutos ou de órgãos subterrâneos como raízes e túberas.

São considerados oficiais no Brasil os amilos de milho, arroz, trigo, mandioca e batata, por constarem da Farmacopeia Brasileira.

Quando o grão de amilo é proveniente de órgãos aéreos do vegetal (frutos), são denominados amidos; quando provenientes de órgãos subterrâneos, são chamados de féculas.

Basicamente, amidos e féculas são constituídos por uma mistura de dois polímeros de glicose – os polissacarídeos amilose e amilopectina. A amilose se apresenta em cadeias lineares longas com unidades de glicose unidas por ligações α (1→4); já a amilopectina corresponde a cadeias altamente ramificadas com ligações α (1→4) e α (1→6).

Os amidos e as féculas são sempre pós finos e brancos, constituídos por grânulos de formas variáveis.

TRABALHO PRÁTICO Nº 3

Objetivo: identificação de amilo (amido de batata – *Solanum tuberosum* L).

Procedimento

1. Grãos de amilo aquecidos com cerca de 15 partes de água destilada e, a seguir, resfriados originam um líquido viscoso, translúcido e gelatinoso que se cora intensamente em azul com a adição de uma gota de solução iodo-iodetada (solução de lugol). Assim:

- colocar em um tubo e ensaio 1 parte de amido e 15 partes de água. Com o auxílio de uma pinça, aquecer o conjunto em um bico de Bunsen, aproximando e afastando a amostra de maneira a não promover aquecimento bruto;
- observar que o líquido se torna viscoso, translucido, gelatinoso;
- adicionar algumas gotas de lugol (solução iodo-iodetada);
- observar o surgimento de cor azul intensa.

2. Montar uma pequena quantidade de amilo de batata entre lâmina e lamínula, incluída em água. Observá-lo ao microscópio com luz polarizada. Os grãos de amilo devem apresentar o fenômeno da cruz de malta ou cruz negra.

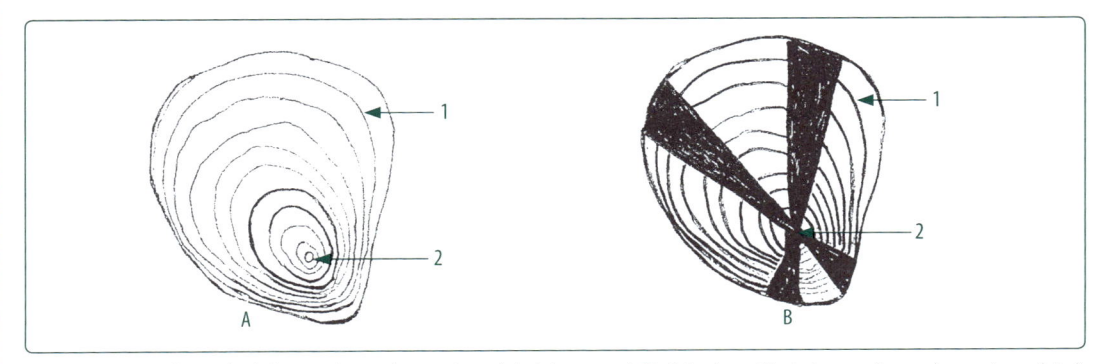

Fig. 5.1. A. Grão de amido de batata observado ao microscópio à luz normal. **B.** Grão de amido de batata observado ao microscópio à luz polarizada.

Hidrólise do amilo

O amilo tratado por ácido clorídrico a quente sofre uma sucessão de hidrólise até chegar à glicose, passando pelos seguintes graus de desintegração:

- amilo – coloração azul com iodo (líquido turvo);
- amilo solúvel – coloração azul com iodo (líquido límpido);
- amilodextrina – coloração roxa com iodo;
- eritrodextrina – coloração vermelha com iodo;
- acrodextrina – não dá coloração com iodo;
- maltose – reduz o reativo de Benedict;
- glicose – reduz o reativo de Benedict.

TRABALHO PRÁTICO Nº 4

Material

- bateria de 10 tubos de ensaio de 100 mm de comprimento por 10 mm de largura;
- suporte para tubos de ensaio;
- goma de amilo a 1%;
- Erlenmeyer de 100 ml;
- bastão de vidro;
- béqueres de 25, 50 e 250 ml de capacidade;
- pipeta de 2 ml;
- solução de lugol diluído.

Procedimento

1. Preparo da goma de amilo:
- misturar 2 g de amilo em 10 ml de água em um béquer, misturando bem com o auxílio de bastão de vidro até o material adquirir o aspecto pastoso;
- derramar lentamente e com agitação a pasta sobre 200 ml de água fervente colocada em um outro béquer;
- deixar o material esfriar e sedimentar;
- separar o depósito por decantação ou aspiração.
2. Colocar 50 ml de goma de amilo a 1% em Erlenmeyer de 100 ml.
3. Adicionar 3 ml de ácido clorídrico concentrado, agitar e transferir imediatamente para um tubo (2 ml da mistura), acrescentando a essa amostra três gotas de lugol diluído.
4. Colocar o Erlenmeyer sobre pequena chama fuliginosa de modo a manter ebulição branda. Iniciada a ebulição, retirar de 2 em 2 minutos, com uma pipeta, 2 ml de goma de amilo, transferindo-a para tubos de ensaio e juntando três gotas de lugol diluído.
5. Observar em cada caso a coloração adquirida; prosseguir até ficar perceptível apenas a cor do lugol.
6. Observar o enfraquecimento da cor azul nos primeiros tubos, seguido do aparecimento da cor roxa, passando por um tom avermelhado até a persistência da cor amarela do lugol.

Identificação dos amilos oficiais

Amido de milho (Zea mays L)

O amido de milho é constituído por dois tipos diferentes de grãos. O primeiro deles, proveniente da periferia do albúmen ou endosperma, apresenta forma poliédrica achatada, ligeiramente abaulado na região dos ângulos. O outro possui forma quase arredondada e é de tamanho menor, irregularmente ovoide ou piriforme; apresenta hilo maior que o anterior, hilo este que possui forma arredondada ou de estrela. À luz polarizada, apresentam cruz de malta bem visível.

Amido de arroz (Oryza Sativa L)

Os grãos de amilo de arroz apresentam tamanho muito pequeno e contorno poliédrico. Os grãos de amilo de arroz são compostos, mas, raramente, no produto industrializado, encontram-se grãos inteiros que são arredondados. O hilo é pouco visível. Apresentam cruz de malta visível à luz polarizada.

Amido de trigo (Triticum vulgare Vill)

O amido de trigo é constituído por dois tipos de grãos: grandes lenticulares, quando vistos de face; e biconvexos, quando observados lateralmente, arredondados ou ovalados. Esse primeiro tipo exibe estrias, as quais são concêntricas e pouco visíveis. Pode-se observar, algumas vezes, hilo pontuado. Os grãos menores têm forma arredondada ou ligeiramente poligonal.

À luz polarizada, apresenta cruz de malta pouco nítida.

Fécula de mandioca (Manihot esculenta Grantz)

Os grãos de amilo de mandioca são irregularmente arredondados em forma de dedal, de esferas truncadas, cupuliformes ou, ainda, em forma de mitra. O hilo é pontuado, linear ou estrelado, central e bem nítido. As estrias são pouco evidentes. Tanto os grãos grandes quanto os pequenos formam agregados de dois ou três elementos.

Fécula de batata (Solanum tuberosum L)

Os grãos de amilo de batata são elipsoides, ovais, piriformes, arredondados ou subesféricos. Os ovoides são característicos, alongados, subtriangulares, de hilo circular, com localização excêntrica. As lamelas ou capas são bem visíveis. Os grãos arredondados são menores e aparecem algumas vezes reunidos em grupos de dois ou três. À luz polarizada, mostram cruz de malta bem evidente.

Observação
Os grãos de amilo solubilizam-se na solução de cloral a 60%.

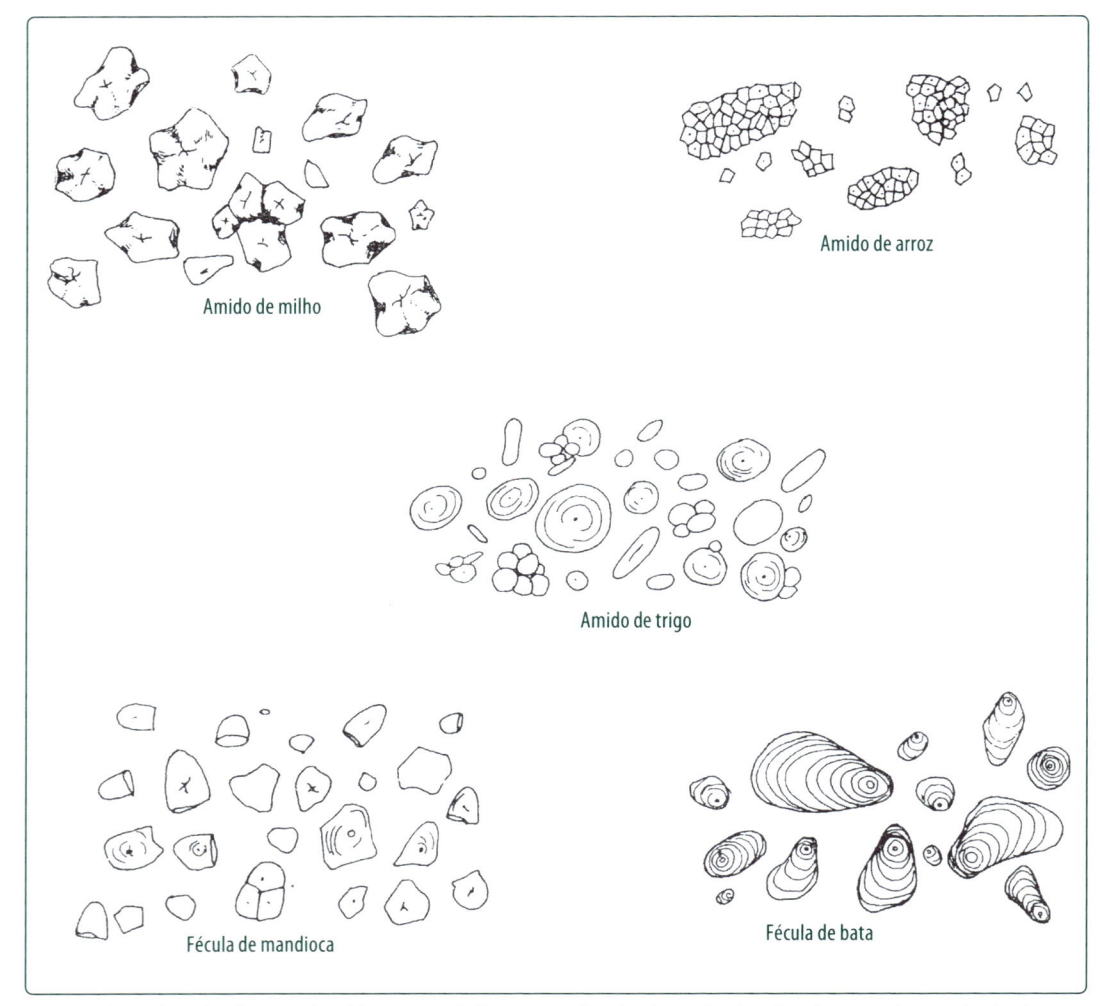

Fig. 5.2. Grãos de amilo oficiais no Brasil (constantes da Farmacopeia Brasileira): amidos de milho, de arroz e de trigo; féculas de mandioca e de batata.

TRABALHO PRÁTICO Nº 5

Material
- amidos de milho, de arroz e de trigo;
- fécula de mandioca e de batata.

Objetivo: observação e identificação dos grãos de amido.

Procedimento

1. Colocar sobre a lâmina de microscopia uma gota de solução diluída de lugol (o líquido deve ter cor amarela bem clara, quase incolor).
2. Com a ponta de um palito de fósforo transferir pequena quantidade de amostra a ser analisada para a lâmina.
3. Misturar os grãos de amilo com a solução de lugol depositada na lâmina.
4. Cobrir com lamínula, observar ao microscópio e desenhar os grãos de amido.
5. Reconhecer as características dos grãos de amilo.

TRABALHO PRÁTICO Nº 6

Material: Raiz de mandioca
Nome científico: *Manihot esculenta* Grantz
Família: *Euphorbiaceae*
Objetivo: observação do amido no interior das células.

Procedimento

1. Cortar transversalmente, o mais fino possível, com o auxílio de lâmina de barbear, a raiz de mandioca descascada.
2. Receber os cortes efetuados em um vidro de relógio contendo água.
3. Colocar em outro vidro de relógio cerca de dez gotas de água e duas gotas de lugol diluído.
4. Transferir as cortes mais finos da água para a solução de lugol.
5. Esperar o desenvolvimento de coloração (quase imediato).
6. Montar 1 ou 2 cortes entre lâmina e lamínula incluído em água.
7. Observar ao microscópio e desenhar.

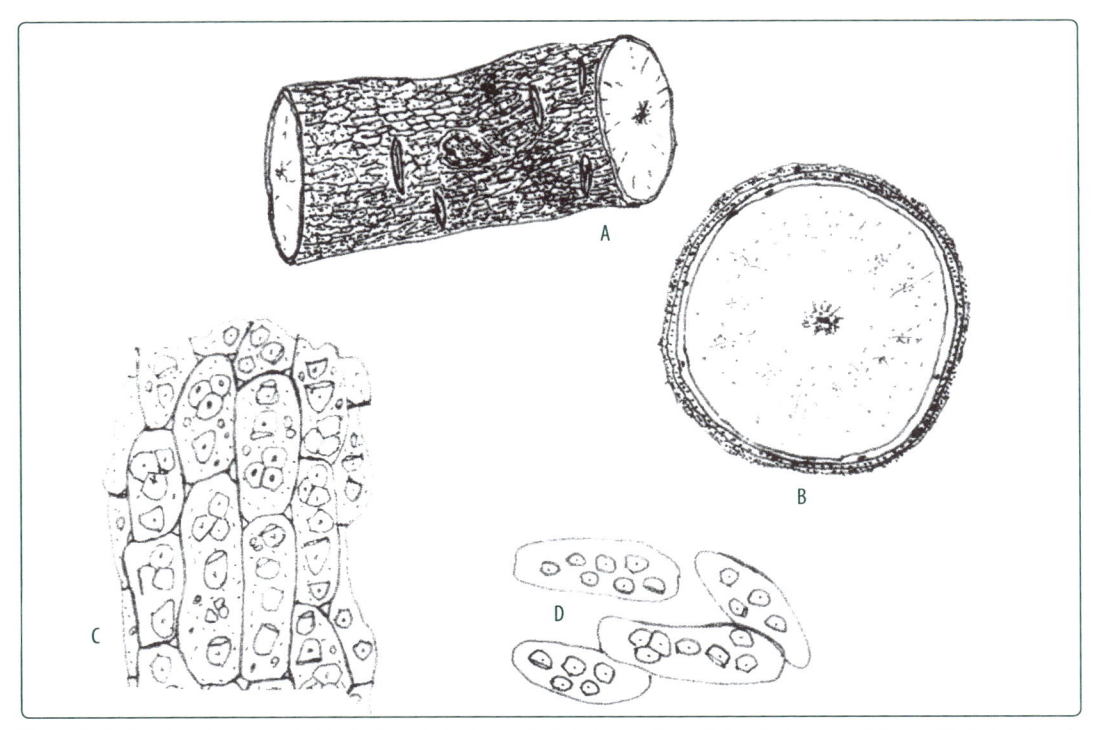

Fig. 5.3. Parênquima de reserva de *Manihot esculenta* Grantz. **A.** Raiz de mandioca. **B.** Secção transversal da raiz. **C.** Parênquima de reserva contendo grãos de fécula. **D.** Células isoladas contendo fécula.

Grãos de aleurona

Os grãos de aleurona, reserva proteica existente no endosperma, perisperma e cotilédones de embrião em muitas sementes, frequentemente são considerados resultados da perda de água de vacúolos.

TRABALHO PRÁTICO Nº 7

Material: Mamona ou rícino – semente
Nome científico: *Ricinus communis* L
Família: *Euphorbiaceae*
Objetivo: observação de grãos de aleurona.

Procedimento

1. Remover o tegumento da semente.
2. Fazer cortes com o auxílio de lâmina de barbear, o mais fino possível.
3. Transferir os cortes para vidro de relógio contendo álcool absoluto.
4. Transferir os cortes para vidro de relógio contendo solução de ácido pícrico a 1% em álcool absoluto, deixando-os permanecer no líquido até o material ficar corado.
5. Passar os cortes rapidamente em solução de eosina a 1% em água colocada em outro vidro de relógio.
6. Montar, em glicerina, os cortes entre lâmina e lamínula e observá-los ao microscópio.
7. Desenhar.

Variação da técnica

Esfregar a semente descorticada na lâmina de microscópio de maneira a obter esfregaço. Gotejar álcool absoluto sobre o esfregaço, deixando escorrer o álcool a seguir. Gotejar a solução de ácido pícrico, deixando em contato até que o esfregaço se core. Escorrer o ácido pícrico. Colocar algumas gotas de eosina sobre o esfregaço, removendo o corante a seguir. Colocar uma gota de glicerina, a lamínula e observar.

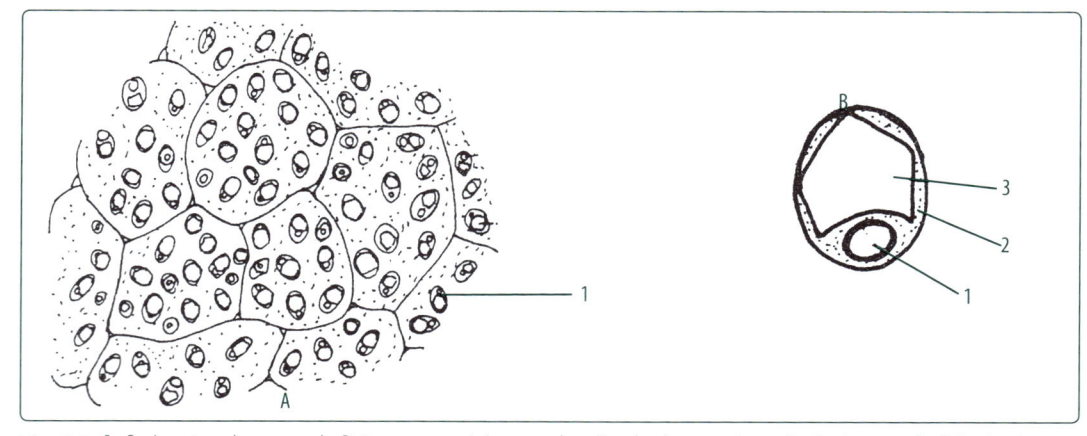

Fig. 5.4. A. Parênquima de reserva de *Ricinus communis* L contendo grãos de aleurona: 1 – grão de aleurona. **B.** Grão de aleurona: 1 – globoide; 2 – matriz proteica; 3 – cristaloide.

Esferocristais de inulina

Os esferocristais de inulina aparecem como decorrência da desidratação do suco vacuolar. A inulina é substância de natureza polissacarídica, resultante da polimerização da frutose e glicose (monômero: três unidades de frutose e uma de glicose).

TRABALHO PRÁTICO Nº 8

Material: Dália – túberas
Nome científico: *Dahlia variabilis* Desf.
Família: *Compositae*
Objetivo: observar esferocristais de inulina.

Procedimento

1. Dividir as túberas de dália em pedaços de aproximadamente 3 cm.
2. Colocar os pedaços de túbera em álcool absoluto, no qual se tenha colocado, previamente, um pacote feito com papel de filtro envolvendo sulfato de sódio anidro. Deixar o material nesse líquido por dez dias.
3. Efetuar, a seguir, cortes histológicos de um fragmento de túberas de dália com o auxílio de lâmina de barbear.
4. Montar em glicerina e observar os esferocristais de inulina ao microscópio.
5. Desenhar.

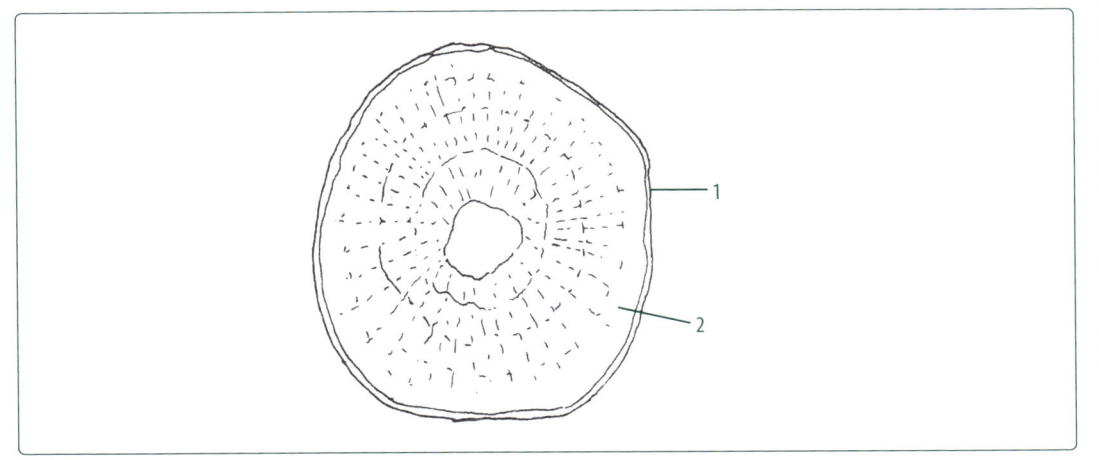

Fig. 5.5. Desenho esquemático de secção transversal de túbera de *Dahlia variabilis* Desf: 1 – periderme; 2 – região parenquimática.

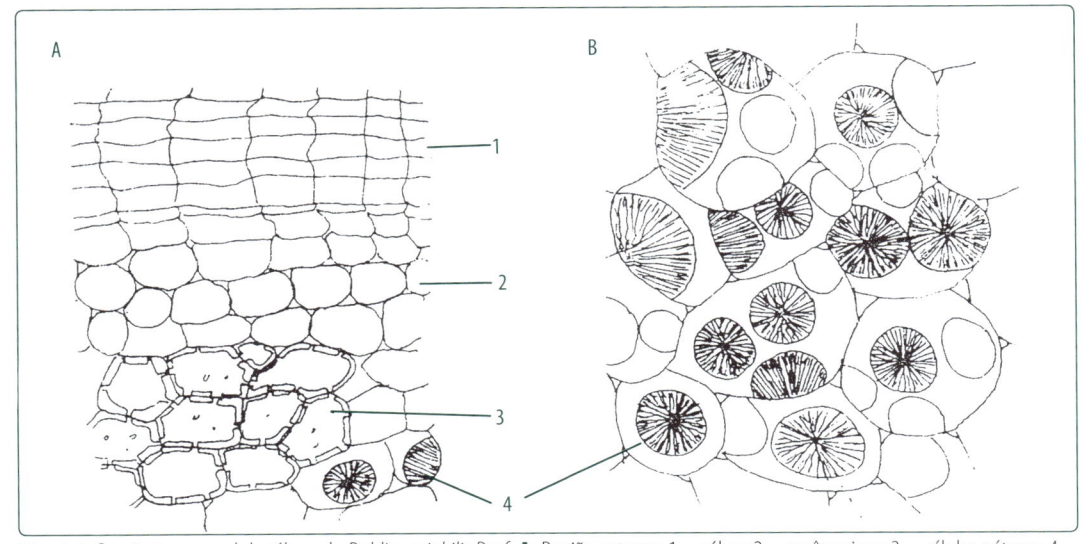

Fig. 5.6. Secção transversal de túbera de *Dahlia variabilis* Desf. **A.** Região externa: 1 – súber; 2 – parênquima; 3 – células pétreas; 4 – esferocristais de inulina. **B.** Parênquima inulínico: 4 – esferocristal de inulina.

Gotículas de óleo fixo e de óleo essencial

Os óleos fixos são ésteres de ácidos graxos com glicerol, ao passo que os óleos essenciais são misturas complexas de substâncias geralmente de natureza terpenoide ou fenilfropanoides, podendo pertencer às mais diversas funções químicas. Tanto um tipo de material quanto o outro são corados pelo Sudan III.

TRABALHO PRÁTICO Nº 9

Material: Coco-da-bahia – semente
Nome científico: *Cocos nucifera* L
Família: *Palmae*
Objetivo: observar gotículas de óleo fixo corado pelo Sudan III.

Procedimento

1. Tomar um pedaço do endosperma do coco (parte branca comestível) e cortar com o auxílio de lâmina de barbear.
2. Transferir os cortes mais finos para lâmina de microscopia e montá-los em solução de Sudan III.
3. Observar gotículas de óleo ao microscópio e desenhá-las.

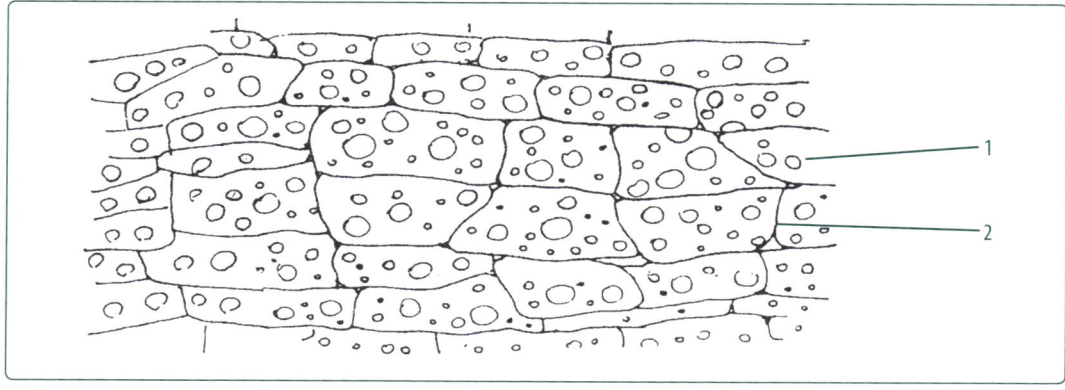

Fig. 5.7. Secção transversal do endosperma da semente de *Cocos nucifera* L – parênquima oleífero: 1 – gotícula de óleo; 2 – célula.

TRABALHO PRÁTICO Nº 10

Material: Laranjeira – folha
Nome científico: *Citrus aurantiun* L
Família: *Rutaceae*
Objetivo: observar gotículas de óleo essencial no interior da glândula.

Procedimento

1. Incluir pedaço de folha de tamanho conveniente (0,6 por/cm) entre suporte de medula de embaúba (técnica já apresentada).
2. Fazer cortes transversais recebendo-os em água contida em vidro de relógio.
3. Montar os melhores cortes em Sudan III entre lâmina e lamínula e observá-los ao microscópio.
4. Desenhar.

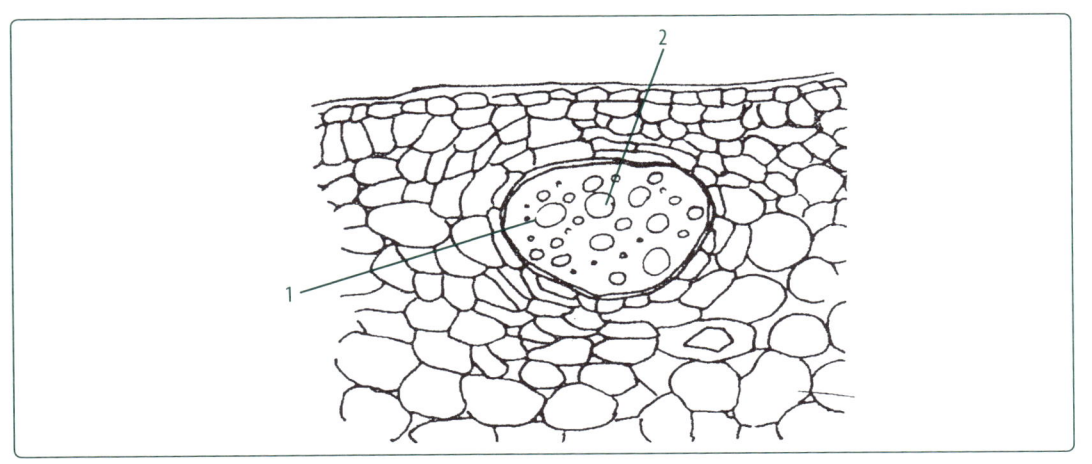

Fig. 5.8. Secção transversal de folha de laranjeira – *Citrus aurantium* L: 1 – glândula contendo gotículas de óleo essencial; 2 – gotículas de óleo essencial.

INCLUSÕES CELULARES INORGÂNICAS

Oxalato de cálcio

Os cristais de oxalato de cálcio são considerados produtos finais do metabolismo celular. O oxalato de cálcio pode se apresentar em diversas formas cristalinas, das quais as mais comuns são: rafídeos (em forma de agulha), drusas (em forma de roseta ou estrela), cristal prismático, areias cristalinas e cristais estiloides.

Os tipos de cristais que aparecem em uma espécie vegetal correspondem a uma de suas características, sendo, portanto, sua presença constante no referido vegetal, o que lhes confere importância diagnóstica.

Para se efetuar a verificação desses cristais em algum material, emprega-se o reativo para oxalato de cálcio, à base de ácido sulfúrico. A verificação consiste em transformar o oxalato de cálcio em sulfato de cálcio com subsequente mudança da forma cristalina. O sulfato de cálcio aparece em forma de cristais estiloides ou de acículos.

TRABALHO PRÁTICO Nº 11

Material: Maracujá doce – folhas
Nome científico: *Passiflora alata* Dryander
Família: *Passifloraceae*
Objetivo: observação de drusas.

Procedimento

1. Retirar pedaço do terço médio inferior da folha.
2. Incluir o pedaço da folha na medula de embaúba e fazer cortes transversais.
3. Colocar os cortes em vidro de relógio contendo água, escolher os mais finos e transferi-los para vidro de relógio contendo hipoclorito de sódio, no qual devem permanecer até ficarem brancos.
4. Transferir os cortes para outro vidro de relógio contendo água, lavando-os muito bem de maneira a retirar todo o hipoclorito.
5. Transferir os cortes para outro vidro de relógio contendo cinco gotas de hematoxilina de Delafield e dez gotas de água.

6. Quando os cortes adquirirem coloração arroxeada, transferi-los para outro vidro de relógio contendo água, para retirar o excesso de corante (obs.: não usar a água utilizada para lavar o hipoclorito).
7. Montar os cortes entre lâmina e lamínula em uma gota d'água e observá-los ao microscópio.
8. Desenhar.

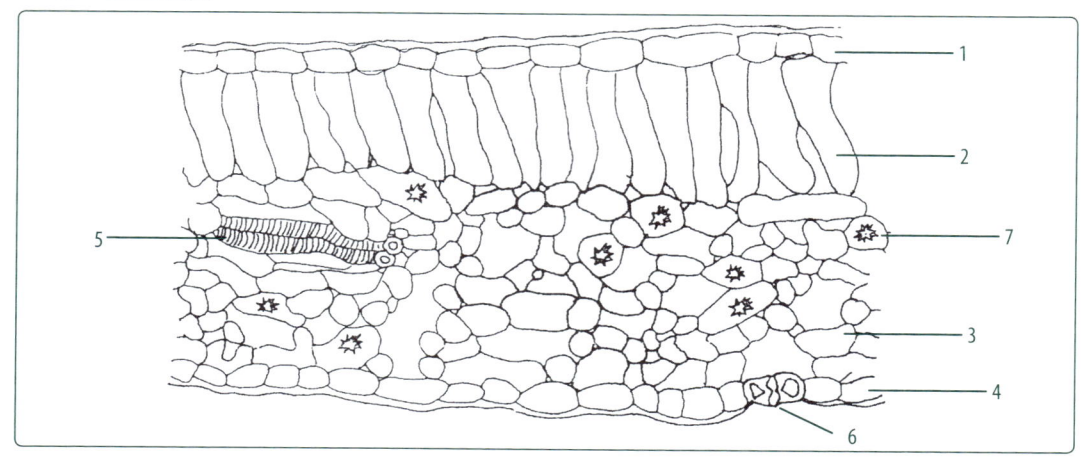

Fig. 5.9. Secção transversal da folha de *Passiflora alata* Dryander: 1 – epiderme superior; 2 – parênquima paliçádico; 3 – parênquima lacunoso; 4 – epiderme inferior; 5 – região de feixe vascular; 6 – estômato cortado transversalmente; 7 – drusa.

Trabalho prático nº 12

Material: Cipó imbé – folha
Nome científico: *Philodendron bipinnatifidum* Schott
Família: *Araceae*
Objetivo: observação de rafídeos e de drusas.

Procedimento

1. Retirar um pedaço de folha contendo nervura, colocá-lo entre pedaços de medula de embaúba e fazer corte transversal, escolhendo região da folha de nervura não muito calibrosa.
2. Prosseguir como no trabalho prático anterior (nº 11), do item 3 ao item 8.

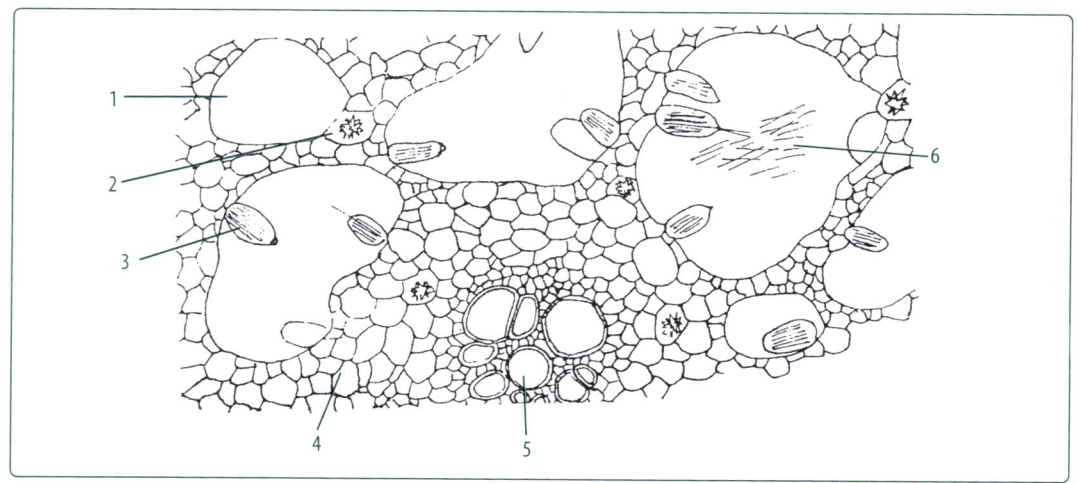

Fig. 5.10. Secção transversal de nervura de *Philodendron bipinnatifidum* Schott: 1 – câmara; 2 – drusa; 3 – idioblasto contendo rafídeos; 4 – parênquima; 5 – feixe vascular; 6 – rafídeos.

TRABALHO PRÁTICO Nº 13

Material: Laranjeira – folha
Nome científico: *Citrus aurantium* L
Família: *Rutaceae*
Objetivo: observação de cristais prismáticos.

Procedimento
1. Seguir o procedimento do trabalho prático nº 11.
2. Desenhar.

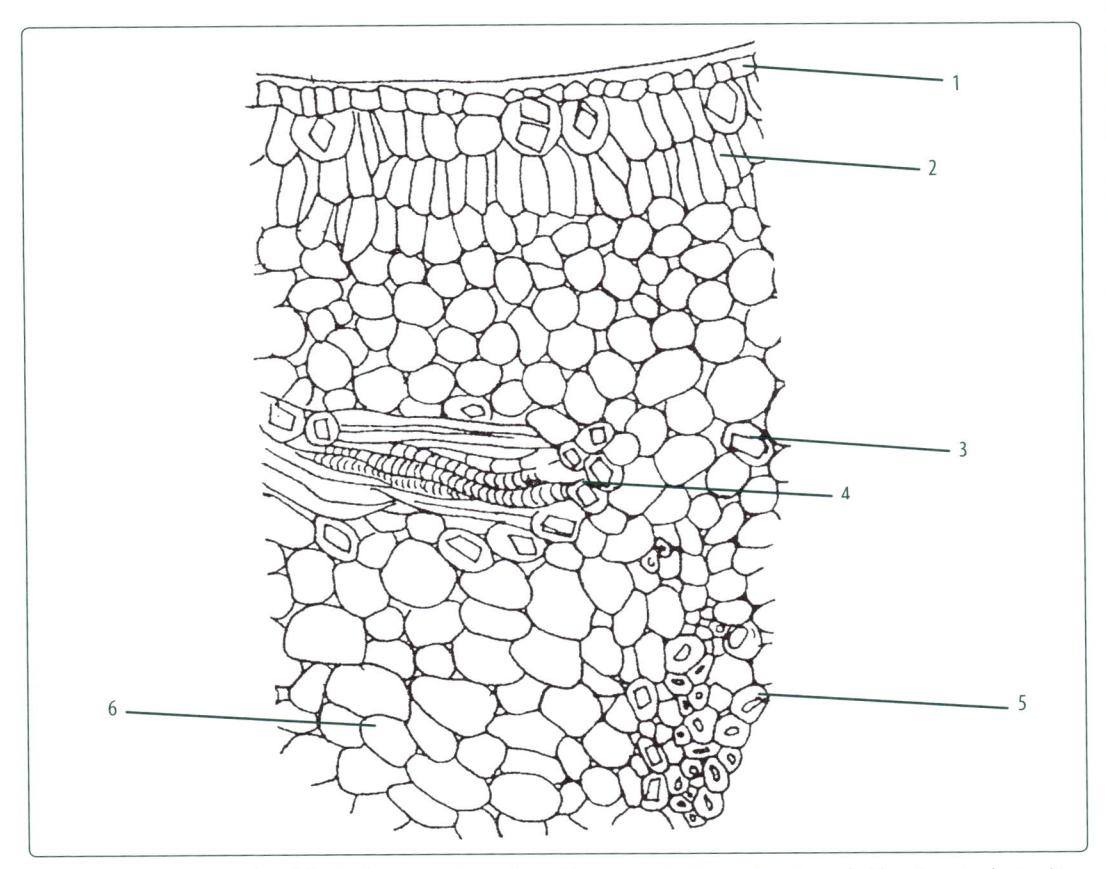

Fig. 5.11. Secção transversal de folha de *Citrus aurantium* L: 1 – epiderme superior; 2 – parênquima paliçádico; 3 – cristal prismático; 4 – feixe vascular; 5 – fibras; 6 – parênquima.

TRABALHO PRÁTICO Nº 14

Material: Café – folha
Nome científico: *Coffea arabica* L
Família: *Rubiaceae*
Objetivo: observação de bolsas contendo areia cristalina.

Procedimento
1. Proceder como no caso anterior.
2. Desenhar.

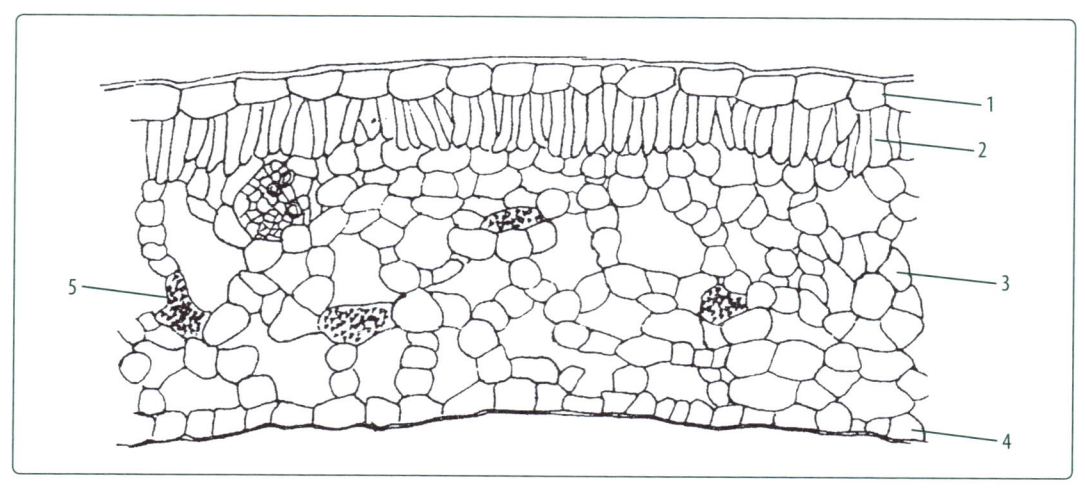

Fig. 5.12. Corte transversal da folha de café – *Coffea arabica* L: 1 – epiderme superior; 2 – parênquima paliçádico; 3 – parênquima lacunoso; 4 – epiderme inferior; 5 – bolsa contendo areia cristalina.

Trabalho prático Nº 15

Material: Guiné ou pipi – folha
Nome científico: *Petiveria alliaceae* L
Família: *Petiveriaceae*
Objetivo: observação de cristais estiloides.

Procedimento
1. Proceder como no caso anterior.
2. Desenhar.

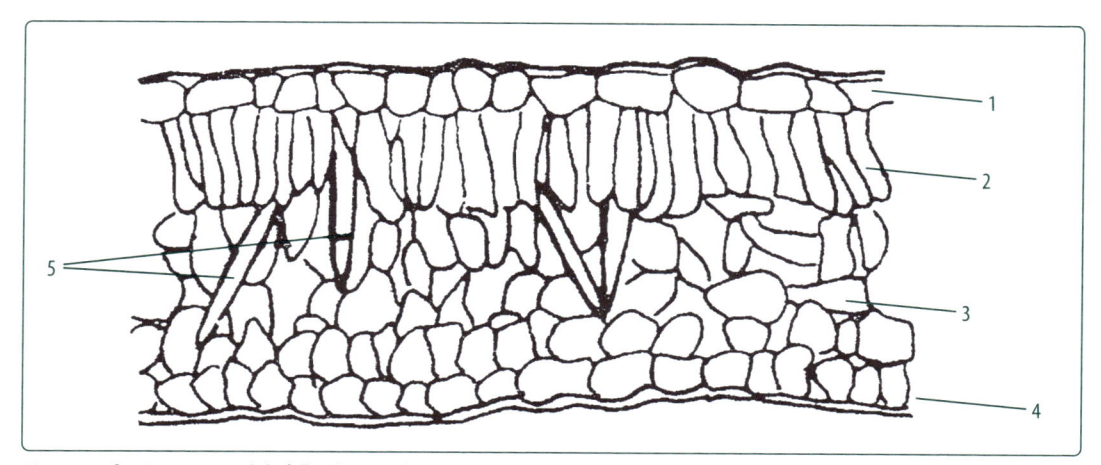

Fig. 5.13. Secção transversal da folha de guiné (*Petiveria alliacea* L): 1 – epiderme superior; 2 – parên¬quima paliçádico; 3 – parên-quima lacunoso; 4 – epiderme inferior; 5 – cristal estiloide.

Verificação da natureza dos cristais presentes

Tomaremos como exemplo o trabalho prático nº 11 com o maracujá doce.

Após ter observado as drusas no material em estudo, substituir a água de inclusão do material pelo reativo de oxalato de cálcio. Para isto, colocar, com o auxílio de um conta-gotas, o reativo para oxalato de cálcio ao lado de uma das margens da lamínula; ao mesmo tempo, com o auxílio de um pedaço de papel de filtro, vai se retirando a água de inclusão pelo lado oposto até sua completa substituição pelo reativo de oxalato de cálcio. Ver o desenho.

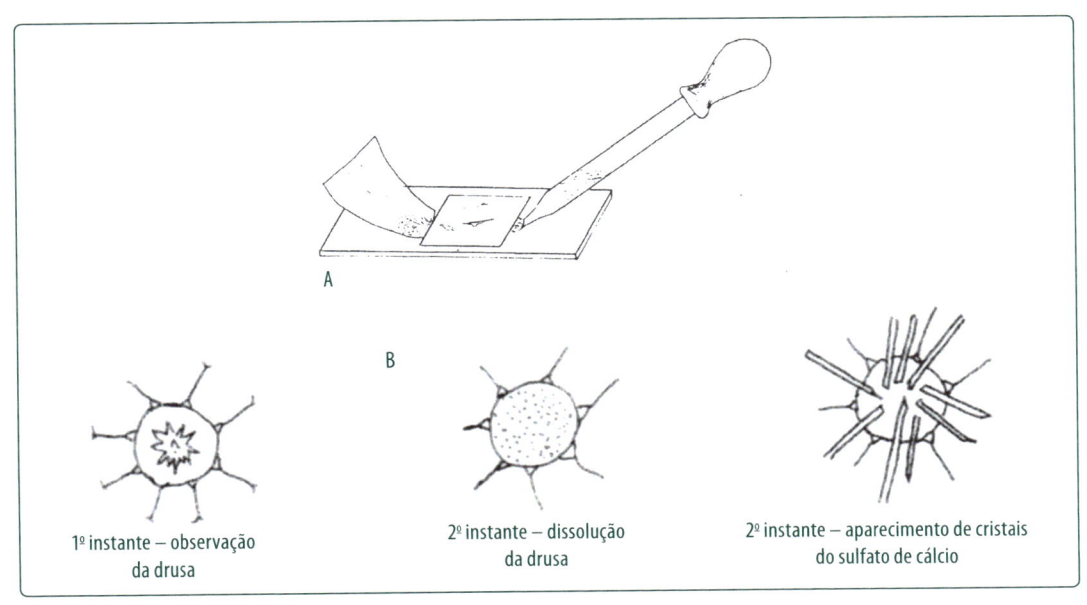

Fig. 5.14. A. Técnica para substituir a água de inclusão dos cortes pelo reativo para evidenciar oxalato de cálcio. **B.** Identificação de oxalato de cálcio.

Essa operação pode ser efetuada com a lâmina sobre a platina do microscópio e com o material focalizado. Observe que, em uma primeira etapa, as drusas se dissolvem e desaparecem. Momentos depois, no lugar das drusas, surgem cristais estiloides de sulfato de cálcio.

Carbonato de cálcio

A inclusão de carbonato de cálcio é considerada também produto final do metabolismo. Esse tipo de inclusão existe, quase sempre, relacionado com a epiderme das plantas. Ocorre em células especiais que apresentam morfologia típica e que são denominadas litocistos. Nessas células, a parte referente ao carbonato de cálcio é denominada cistólito. Outras vezes, observa-se o depósito de carbonato de cálcio na base de pelos.

TRABALHO PRÁTICO Nº 16

Material: Figueira-de-rua – folha
Nome científico: *Ficus retusa* L
Família: *Moraceae*
Objetivo: Observação de cistólitos.

Procedimento
1. Seguir o procedimento do trabalho prático nº 11.
2. Desenhar.

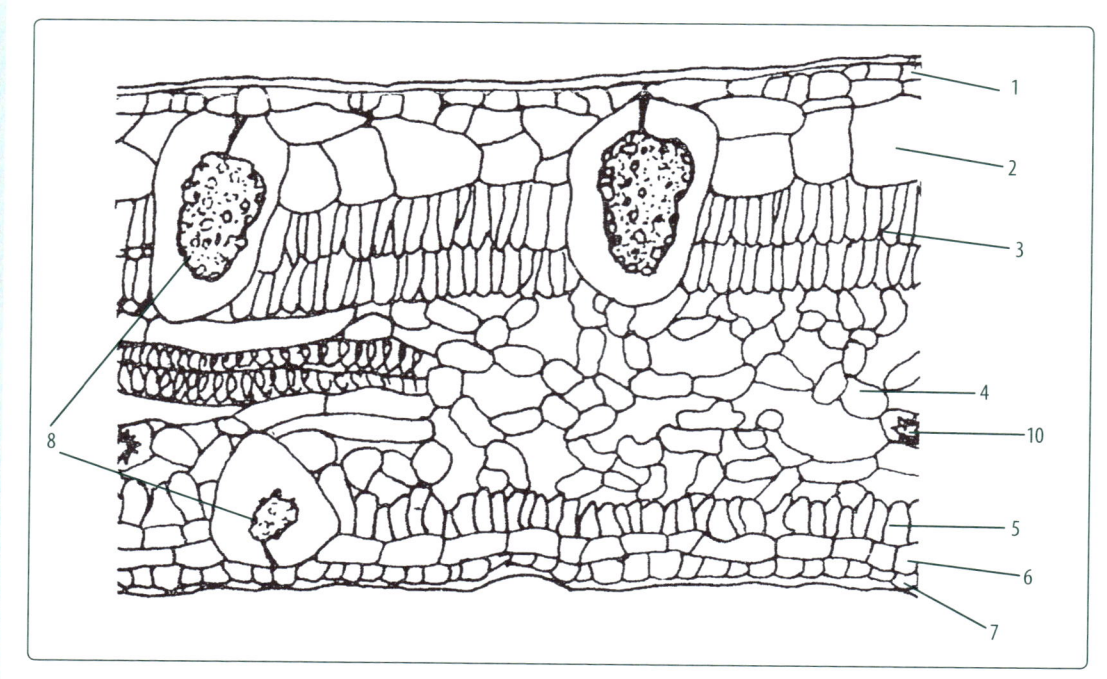

Fig. 5.15. Secção transversal da folha de *Ficus retusa* L: 1 – epiderme superior; 2 – hipoderme; 3 – parênquima paliçádico; 4 – parênquima lacunoso; 5 – parênquima paliçádico; 6 – hipoderme; 7 – epiderme inferior; 8 – litocisto; 9 – cistólito; 10 – drusa.

Verificação da natureza do cistólito

Proceda como na verificação do oxalato presente no maracujá doce, empregando, como reativo, ácido clorídrico a 1%. O carbonato reage com o ácido liberando bolhas, o que pode ser observado no campo microscópico. O reativo de oxalato de cálcio também pode ser empregado para esse caso, pois nele é empregado ácido sulfúrico e, nessa reação, o que interessa é a presença de ácido.

Histologia vegetal

INTRODUÇÃO

Histologia, palavra proveniente do grego *histos* = tecido, e de *logia* = estudo, corresponde à parte da Botânica que se dedica ao estudo dos tecidos. Compreende-se por tecido vegetal a um conjunto de células unidas entre si e que apresentam origem, estrutura e função comuns.

O conhecimento de histologia vegetal, no que diz respeito à sua importância, pode ser considerado sob dois aspectos: aspecto filosófico e aspecto utilitário. O aspecto filosófico relaciona-se com o conhecimento da ciência pela ciência, ao passo que o utilitário visa sempre a uma finalidade útil, como a aplicação desses conhecimentos na identificação de drogas vegetais e em microscopia de alimentos.

Segundo critério didático de classificação, os tecidos podem ser divididos em duas grandes categorias: tecidos permanentes simples (parênquima, colênquima, esclerênquima e súber) e tecidos permanentes complexos (epiderme, floema e xilema).

TECIDOS PERMANENTES SIMPLES

Parênquima

Palavra proveniente de *parencheó*, que significa "encher ao lado de". Os parênquimas caracterizam-se por apresentar células dotadas de vida, de parede celulósica geralmente fina. Apresentam, com muita frequência, contorno arredondado e deixam entre si espaços intercelulares. Os parênquimas podem ser classificados em comuns, de reserva, clorofilianos e do sistema de condução.

As células parenquimáticas coram-se em arroxeado pela hematoxilina de Delafield. O corante específico para paredes celulósicas é o cloreto de zinco iodado.

TRABALHO PRÁTICO Nº 17

Material: Picão-preto – caule fino
Nome científico: *Bidens pilosa* L
Família: *Compositae (Asteraceae)*
Objetivo: observar o parênquima comum: coloração das paredes celulares e espaços intercelulares.

O picão-preto ou simplesmente picão é uma planta infestante, ruderal, muito frequente no Brasil, especialmente nas regiões Sul, Sudeste e Centro-Oeste. É utilizada com finalidade medicinal no tratamento de disfunções hepáticas e renais, como diurética, hipotensora, sedativa e anti-inflamatória.

Procedimento

1. Tomar um pedaço de cerca de 1 cm do caule e incluí-lo na medula de embaúba.
2. Colocar os cortes em vidro de relógio contendo água, escolher os mais finos e transferi-los para vidro de relógio contendo hipoclorito de sódio, no qual devem permanecer até ficarem brancos.
3. Transferir os cortes para outro vidro de relógio contendo água, lavando-os muito bem de maneira a retirar todo o hipoclorito.
4. Transferir os cortes para outro vidro de relógio contendo cinco gotas de hematoxilina de Delafield e dez gotas de água.
5. Quando os cortes adquirirem coloração arroxeada, transferi-los para outro vidro de relógio contendo água, para retirar o excesso de corante (**obs.:** não usar a água utilizada para lavar o hipoclorito).
6. Montar os cortes entre lâmina e lamínula em uma gota d'água e observá-los ao microscópio.

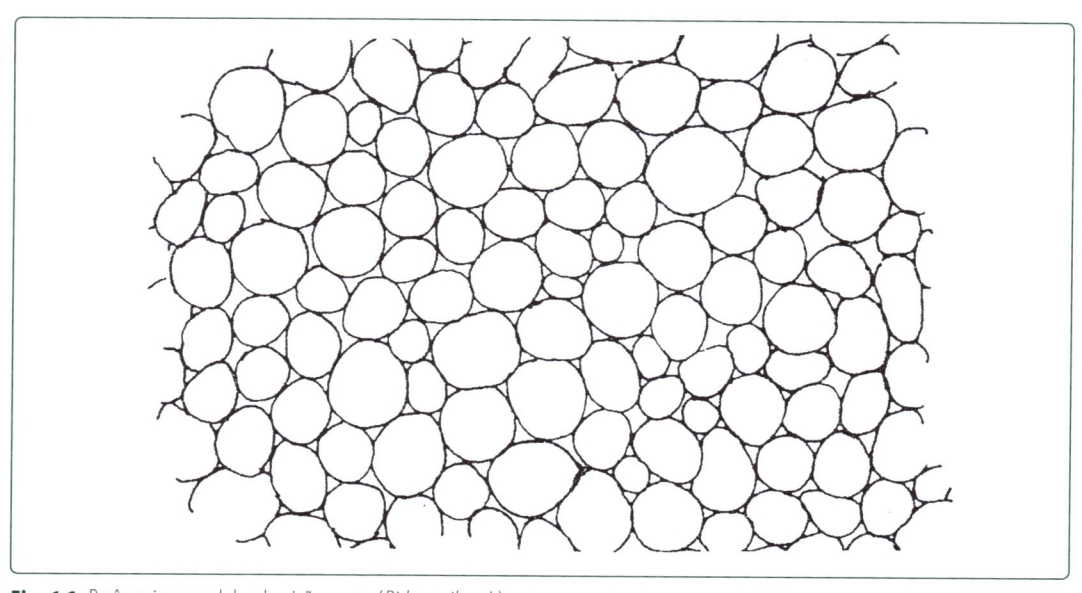

Fig. 6.1. Parênquima medular de picão-preto (*Bidens pilosa* L).

Trabalho prático nº 18

Material: Guaco – folha
Nome científico: *Mikania glomerata* Sprengel
Família: *Compositae*
Objetivo: observar parênquimas clorofilianos – parênquima paliçádico e parênquima lacunoso; observar parênquima comum na nervura mediana – parênquima fundamental.

Procedimento

1. Proceder como no caso anterior.

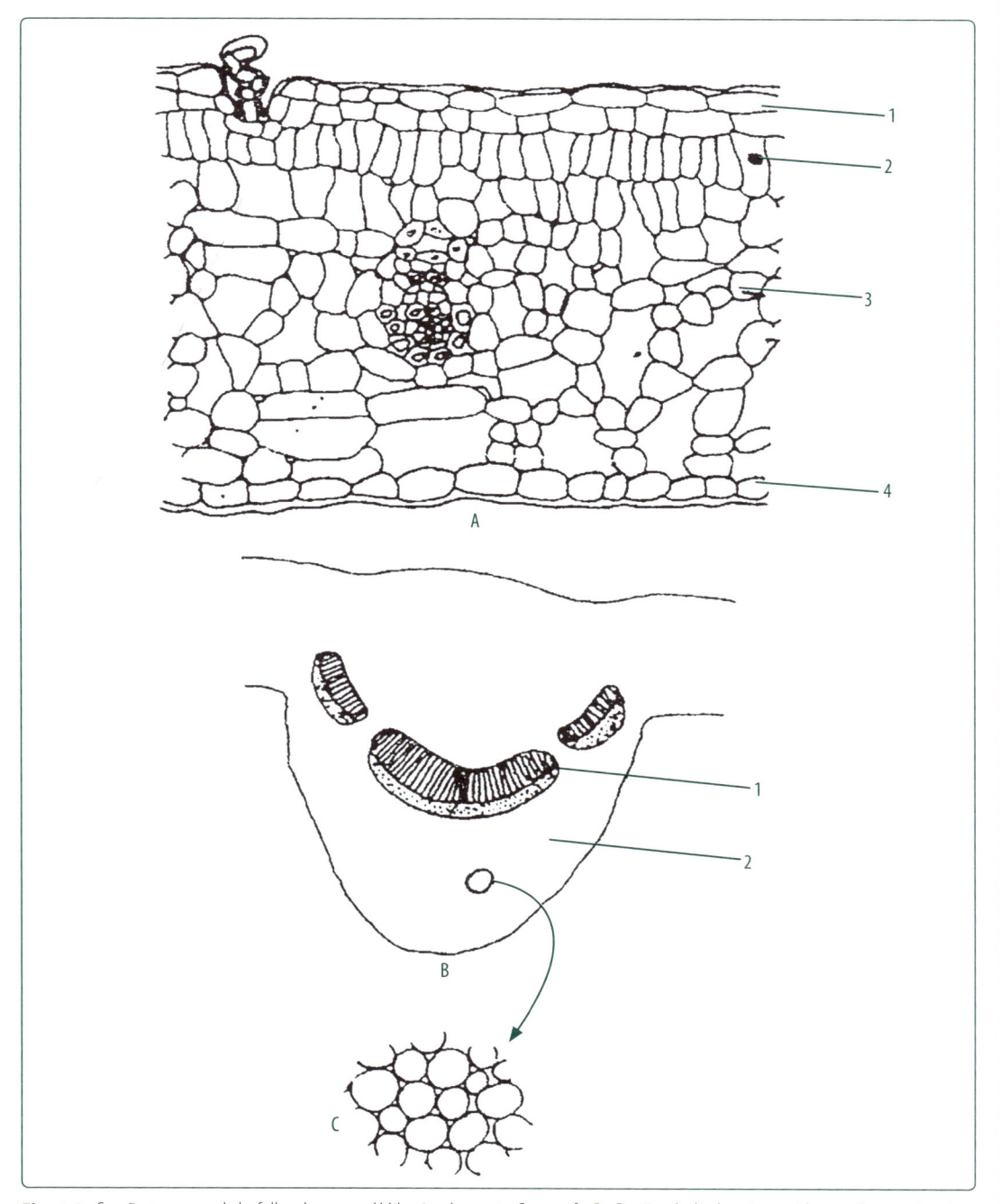

Fig. 6.2. Secção transversal da folha de guaco (*Mikania glomerata Sprengel*). **A.** Região do limbo: 1 – epiderme; 2 – parênquima paliçádico; 3 – parênquima lacunoso; 4 – epiderme inferior. **B.** Região da nervura mediana – desenho esquemático: I – feixe vascular; 2 – parênquima fundamental. **C.** Detalhe: parênquima fundamental.

TRABALHO PRÁTICO Nº 19

Material: Mandioca – raiz
Nome científico: *Manihot esculenta* Granz
Família: *Euphorbiaceae*
Objetivo: observar o parênquima de reserva.

A mandioca, aipim ou macaxeira é uma espécie originária do Brasil, mais precisamente do sudoeste da Amazônia. Foi cultivada pelos ameríndios antes da chegada dos europeus ao continente americano, graças a suas propriedades alimentícias. Suas raízes tuberosas são muito apreciadas como alimento e hoje se acham espalhadas por diversos países do mundo, sendo a Nigéria seu maior país produtor. O amido de mandioca está entre os cinco amidos oficiais do Brasil.

Procedimento

1. Proceder como no caso anterior.

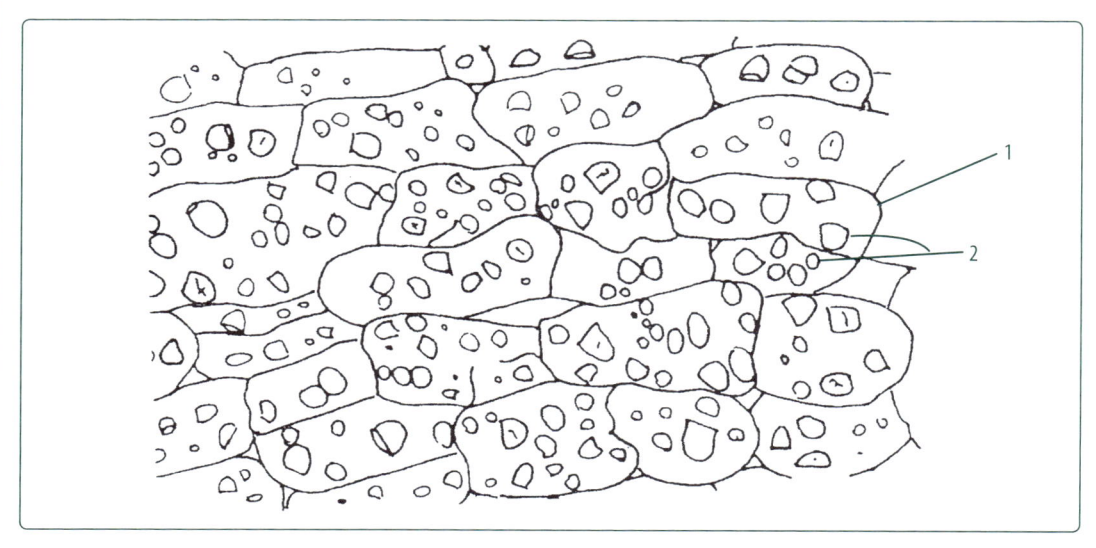

Fig. 6.3. Secção transversal da raiz de mandioca (*Manihot esculenta* Granz) – parênquima de reserva: 1 – célula parenquimática; 2 – grãos de amilo.

Colênquima

Colênquima (do grego *kolla* = reforço + *encheo* = encher) é um tecido permanente simples provido de células com vitalidade adaptadas à função de sustentação graças ao reforço celulósico próprio de suas paredes; ocorre nas partes aéreas de vegetais, especialmente em dicotiledôneas.

As células colenquimáticas diferem das células parenquimáticas pelo reforço de celulose de em suas paredes e pelo comprimento, já que suas células são frequentemente alongadas.

Conforme o tipo de espessamento celulósico, os colênquimas podem ser do tipo angular, lacunar, lamelar e anelar.

As paredes celulares, sendo constituídas de celulose, coram-se pela hematoxilina de Delafield e pelo cloreto de zinco iodado, adquirindo coloração arroxeada ou azulada, respectivamente.

Tipos de colênquima

- Colênquima angular: quando o espessamento celulósico ocorre principalmente nos cantos das paredes celulósicas.
- Colênquima lamelar: quando o espessamento ocorre principalmente nas paredes tangenciais internas e externas.
- Colênquima lacunar: quando ocorrem espaços intercelulares, e os espessamentos se formam nas paredes que delimitam esses espaços.
- Colênquima anular: quando o espessamento é regular em toda a extensão da parede celular.

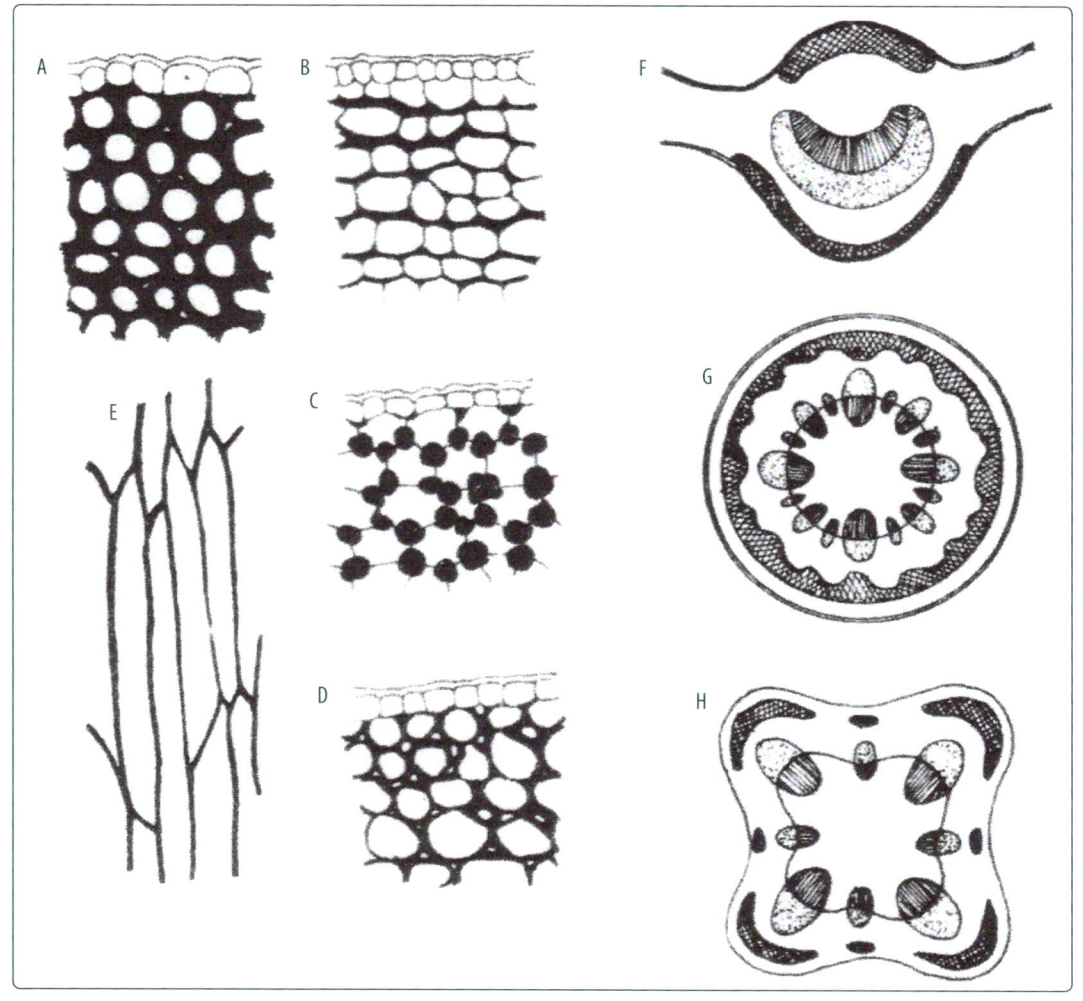

Fig. 6.4. *Tipos de colênquima.* **A.** Colênquima anular. **B.** Colênquima lamelar. **C.** Colênquima angular. **D.** Colênquima lacunar. **E.** Células colenquimáticas vistas em corte longitudinal. *Localização de colênquima.* **F.** Nervura mediana de folha. **G** e **H.** Caule.

TRABALHO PRÁTICO Nº 20

Material: Mamona – pecíolo
Nome científico: *Ricinus communis* L
Família: *Euphorbiaceae*
Objetivo: observar o colênquima.

Procedimento

1. Tomar um pedaço de pecíolo de mamona (Fig. 6.5A) e cortá-la de maneira a obter um corpo de prova (Figura 6.5B).
2. Efetuar cortes transversais e longitudinais da peça, recebendo-os em vidros de relógio diferentes, contendo água.
3. Efetuar descoloração e coloração dos cortes transversais e longitudinais pela hematoxilina de Delafield, usando a técnica já descrita.
4. Montar os cortes e observá-los ao microscópio.
5. Desenhar os cortes.

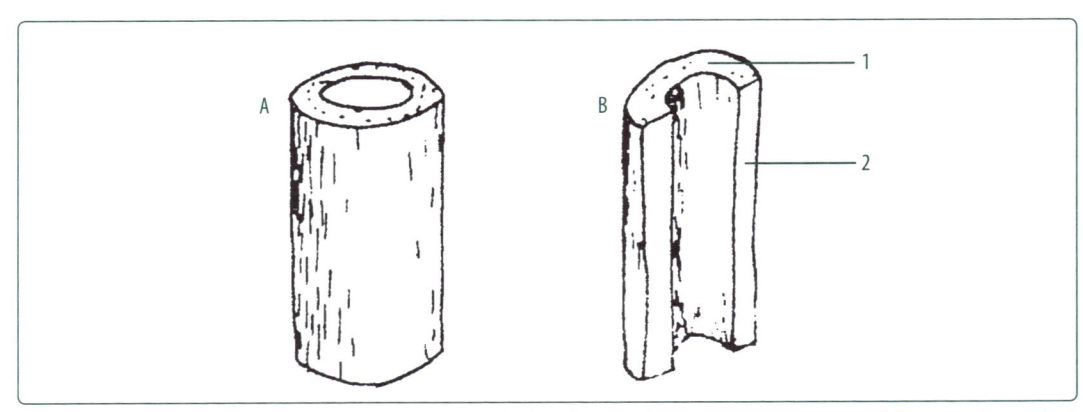

Fig. 6.5. Pecíolo de mamona *Ricinus communis* L. **A.** Pedaço cilíndrico. **B.** Corpo de prova: 1 – secção transversal; 2 – secção longitudinal radial.

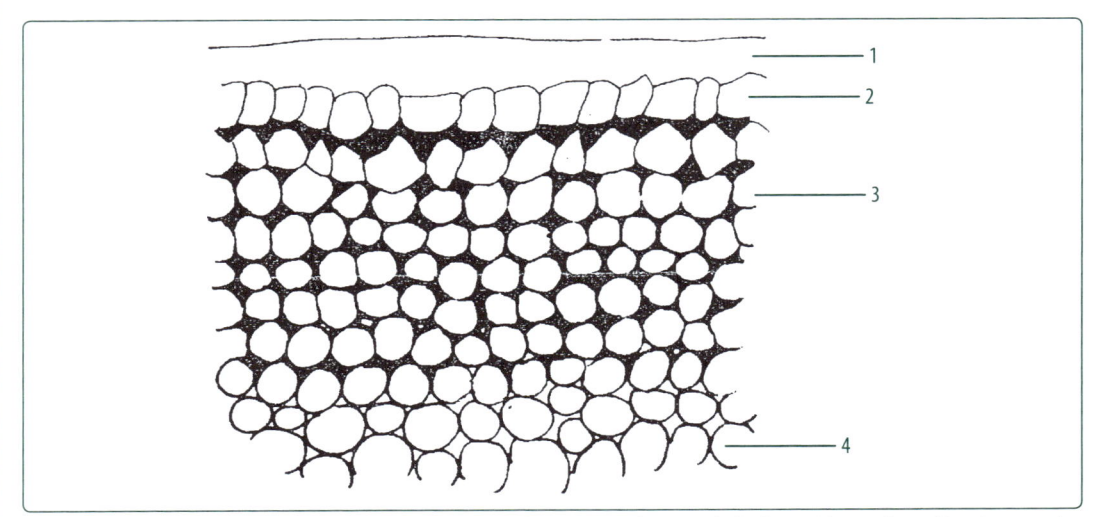

Fig. 6.6. Secção transversal do pecíolo de *Ricinus communis* L (parte externa): 1 – cutícula: 2 – epiderme; 3 – colênquima angular; 4 – parênquima cortical.

Trabalho prático nº 21

Material: Trombeteira – pecíolo
Nome científico: *Datura suaveolens* – Humboldt et Bonpland et Willdenow
Família: *Solanaceae*
Objetivo: observar o colênquima.

Procedimento
1. Incluir um pedaço de pecíolo de trombeteira em medula de embaúba.
2. Efetuar cortes transversais.
3. Colorir e montar os cortes transversais em lâmina, empregando a técnica de coloração pela hematoxilina de Delafield.
4. Observar os cortes ao microscópio e desenhá-los.

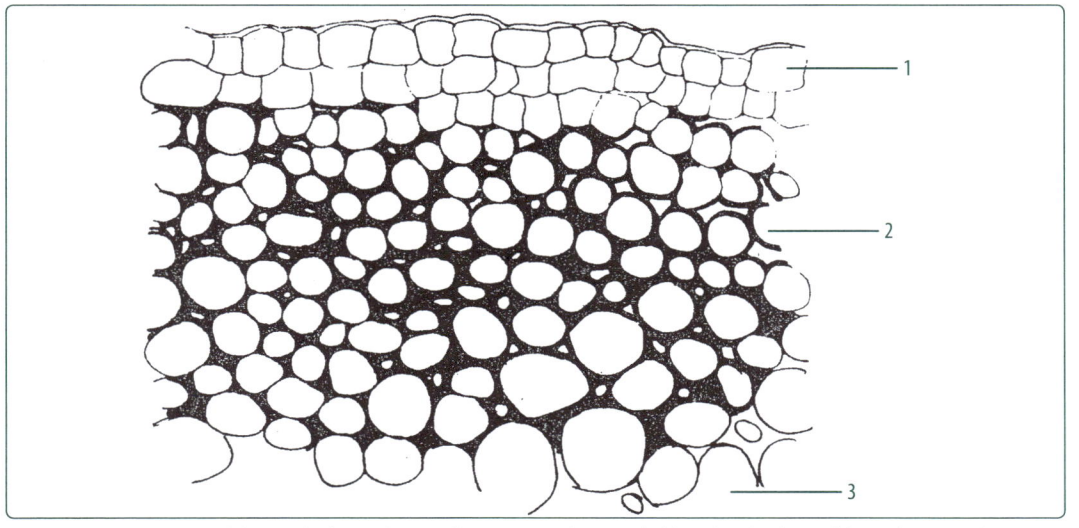

Fig. 6.7. Secção transversal do pecíolo de trombeteira (*Datura suaveolens* Humboldt et Bonpland et Willdenow): 1 – epiderme; 2 – colênquima lacunar; 3 – parênquima cortical.

Trabalho prático Nº 22

Material: Sabugueiro – pecíolo
Nome científico: *Sambucus australis* – Cham et Schlechtendal
Família: *Caprifoliaceae*
Objetivo: observar o colênquima.

Procedimento
1.   Proceder como no caso anterior.

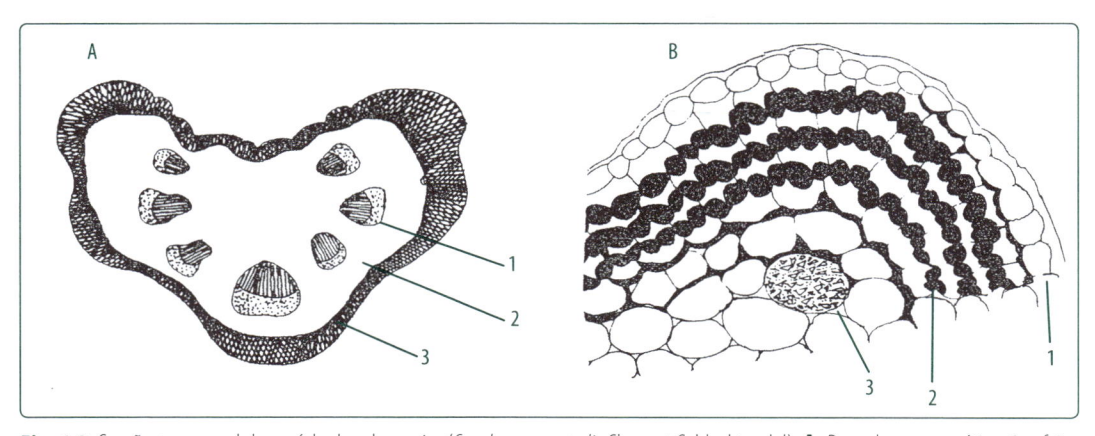

Fig. 6.8. Secção transversal do pecíolo de sabugueiro (*Sambucus australis* Cham et Schlechtendal). **A.** Desenho esquemático: 1 – feixe vascular; 2 – parênquima fundamental; 3 – colênquima. **B.** Detalhe da região externa: 1 – epiderme; 2 – colênquima lamelar; 3 – bolsa de areia cristalina.

Esclerênquima

O esclerênquima (do grego *skleros* = duro + *encheo* = encher) é tecido permanente simples dotado de célula sem vitalidade no vegetal, frequentemente provido de parede lignificada sendo adaptada à função de sustentação.

O esclerênquima é formado por dois tipos de células: os esclereídes e as fibras.

Por suas formas muito características, são importantes na identificação de alimentos (microscopia alimentar) e na identificação de drogas vegetais.

A parede celular deste tipo de tecido, na maior parte das vezes lignificada, reage caracteristicamente com a floroglucina clorídrica, dando coloração vermelho-cereja.

As fibras costumam ser designadas conforme o local onde ocorrem. Assim, falam-se em fibras do xilema, fibras do floema, fibras pericíclicas, fibras corticais e fibras perivasculares. Os esclereídes, por sua vez, são designados de acordo com a forma. Os tipos mais comuns são os macroesclereidos, osteoesclereidos, astroesclereidos, braquiesclereistos e tricoesclereidos.

Os braquiesclereídes (de *braqui* ou *brachy*, proveniente do grego *brakhus*, que significa breve, curto) são células curtas isodiamétricas e constituem o tipo de esclereíde mais frequente.

Os macroesclereídes (de macro, derivado do grego *makros*, designativo de grande, comprido) são células alongadas aproximadamente cilíndricas. Ocorrem frequentemente no tegumento das sementes de leguminosas – camada paliçádica.

Os astroesclereídes (do grego *astron*, latin *astrum*, nome genérico dos corpos celestes, estrela) são células pétreas lignificadas em forma de estrelas.

Os osteoesclereídes (do grego *osteon/osteo*, que significa osso) são células pétreas em forma de osso.

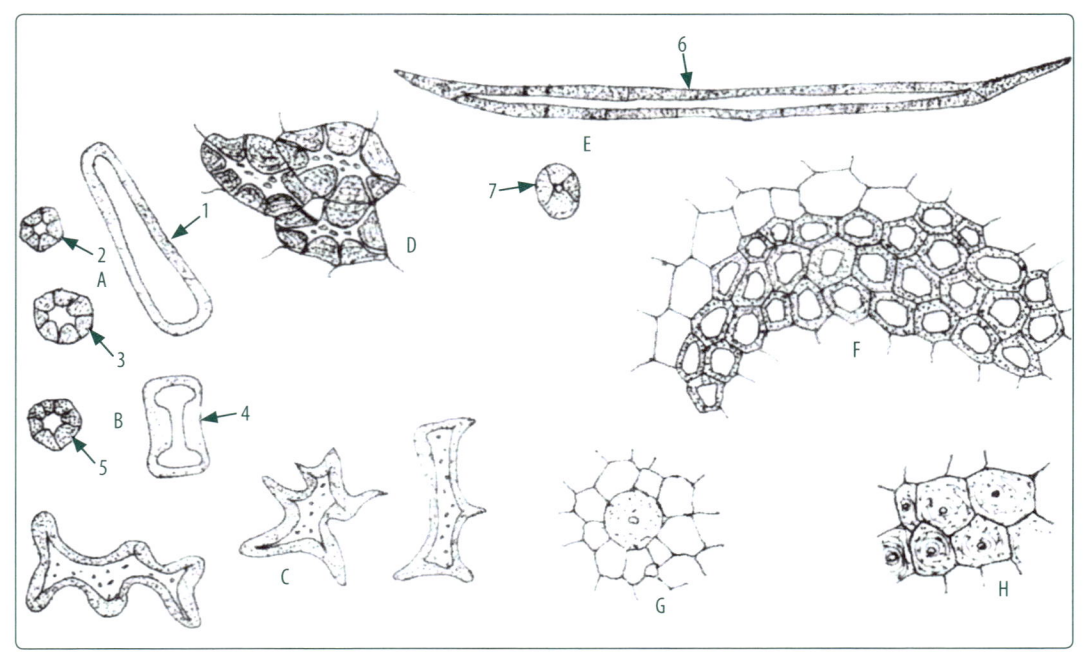

Fig. 6.9. Esclerênquima: **A.** macroesclerito: 1 – visão longitudinal; 2 – secção transversal da região afilada; 3 – secção transversal da região mais grossa. **B.** Osteoesclerito: 4 – visão longitudinal; 5 – visão transversal. **C.** Astroescleritos. **D.** Grupos de braquiescleritos. **E.** Fibra: 6 – visão longitudinal; 7 – secção transversal. **F.** Grupo de fibras cortadas transversalmente. **G.** Fibra isolada cortada transversalmente. **H.** Grupo de fibras cortadas transversalmente.

TRABALHO PRÁTICO Nº 23

Material: Camélia – folha
Nome científico: *Camellia japonica* L
Família: *Theaceae*
Objetivo: observar a presença de astroescleritos, tanto na região da nervura mediana quanto na região do limbo propriamente dito. Observar a presença de fibras ao lado do feixe vascular.

A camélia é um pequeno arbusto de folhagem densa e lustrosa presente com frequência nos jardins, onde é cultivada por suas flores, que variam do branco ao vermelho. Suas folhas são semicoreáceas, elípticas e de margem denteada.

Procedimento
1. Como realizado no trabalho prático nº 11, retirar um pedaço de folha da região do terço médio inferior.
2. Incluí-la em medula de embaúba e cortá-la transversalmente.
3. Escolher os melhores cortes e descorá-los com solução de hipoclorito.
4. Lavar bem os cortes.
5. Montar os cortes em floroglucina clorídrica.
6. Observar os cortes e desenhá-los.

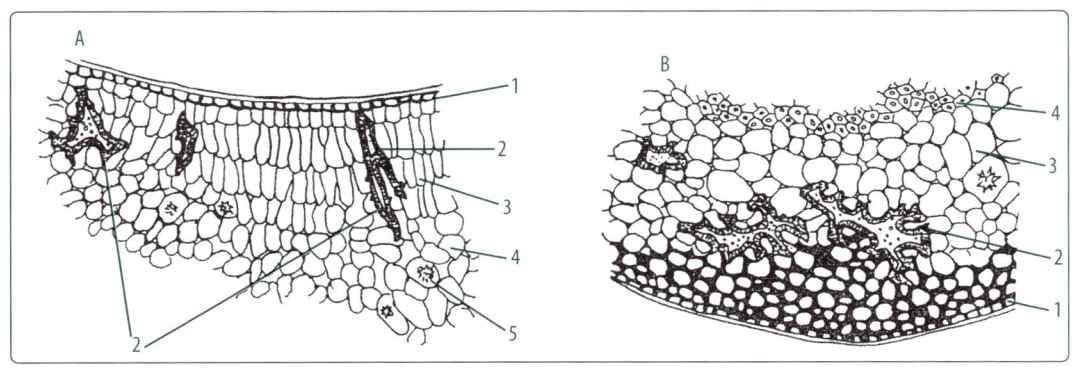

Fig. 6.10. Secção transversal da folha de *Camellia japonica* L. **A.** Região do limbo: 1 – epiderme superior; 2 – astroesclerito; 3 – parênquima paliçádico; 4 – parênquima lacunoso; 5 – drusa. **B.** Região de nervura mediana: 1 – epiderme inferior; 2 – astroesclerito; 3 – parênquima fundamental; 4 – fibras.

TRABALHO PRÁTICO Nº 24

Material: Lírio d'água – folha
Nome científico: *Nymphaea* sp
Família: *Nymphaeaceae*
Objetivo: observar a presença de astroescleritos.

Planta aquática que vive à margem de rios serenos e lagos calmos. A planta é bastante ornamental. Suas folhas são arbiculares ou arredondadas, emersas, flutuantes, de ápice arredondado e base profundamente cordiforme. As flores possuem pétalas de cor lilás-azulada no ápice e base branco--amarelada.

Procedimento
1. Retirar pequeno pedaço da folha de tamanho e forma adequada.
2. Cortar, descorar e montar em lâmina, como realizado no trabalho prático anterior.
3. Observar os cortes e desenhá-los.

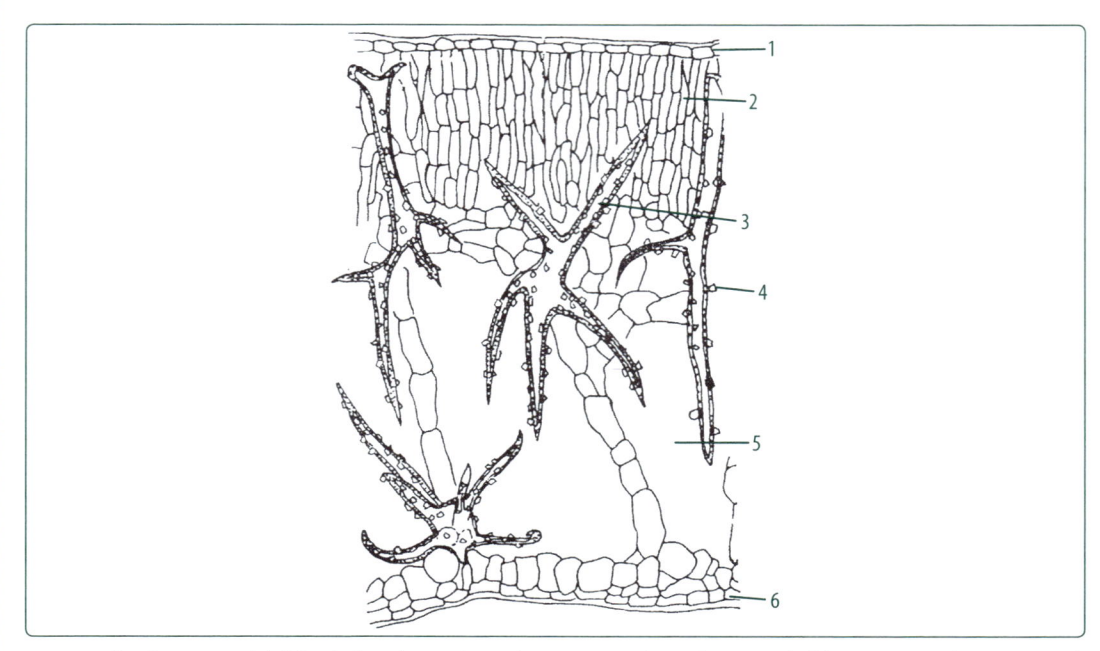

Fig. 6.11. Secção transversal de folha de *Nymphea* sp: 1 – epiderme superior; 2 – parênquima paliçádico; 3 – astroesclerito; 4 – cristal; 5 – câmara; 6 – epiderme inferior.

Trabalho prático Nº 25

Material: Dracena – folha
Nome científico: *Dracaena fragans* Ker. Gawl
Família: *Liliaceae*
Objetivo: observar a presença de fibras.

Planta arbustiva, não ramificada, comum em jardins, podendo atingir mais de 3 metros de altura. Tem tronco ereto, provido de roseta de folhas terminais. Bastante ornamental, apresenta folhas inteiramente verdes ou providas de margem amarela.

Procedimento

1. Retirar um pedaço da folha e preparar um corpo de prova, como representado na Fig. 6.12.
2. Se necessário, incluí-lo em medula de embaúba e cortá-la transversalmente (secção 1) e longitudinalmente (secção 2).
3. Descorar separadamente os cortes pela solução de hipoclorito.
4. Lavar bem os cortes e montá-los em floroglucina clorídrica.
5. Observar os cortes e desenhá-los.

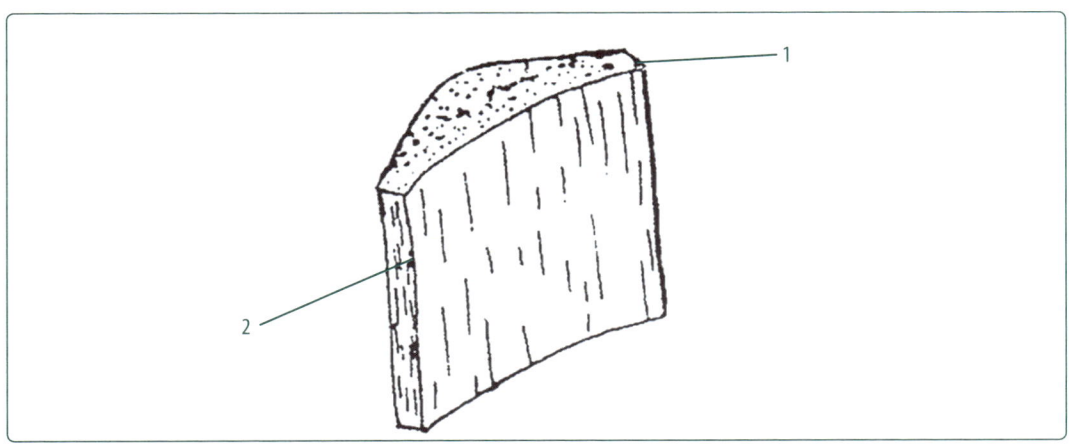

Fig. 6.12. Secção transversal da folha de *Dracaena fragans* Ker. Gawl (região central). Corpo de prova: 1 – secção transversal; 2 – secção longitudinal.

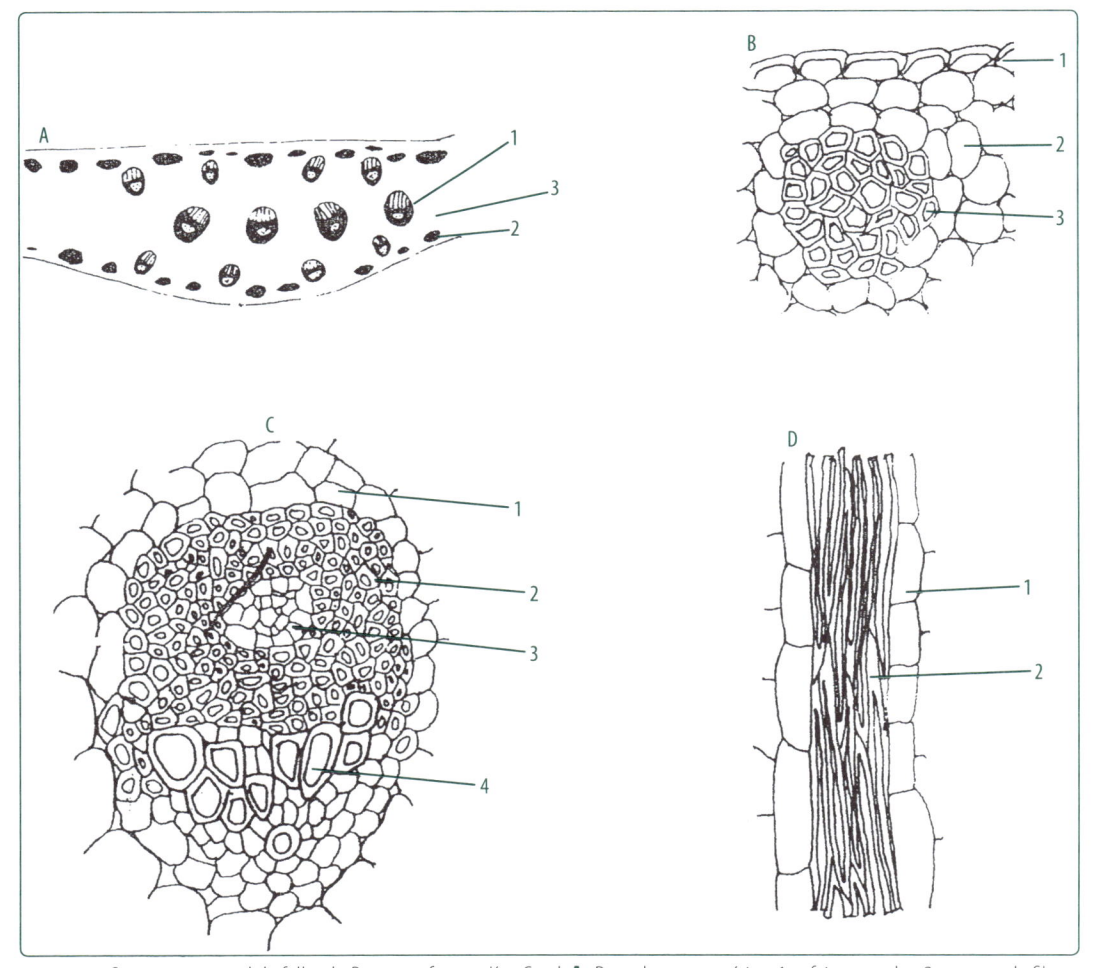

Fig. 6.13. Secção transversal da folha de *Dracaena fragans* Ker. Gawl. **A.** Desenho esquemático: 1 – feixe vascular; 2 – grupo de fibras; 3 – parênquima. **B.** Detalhe: 1 – epiderme; 2 – parênquima; 3 – grupo de fibras. **C.** Feixe vascular colateral: 1 – parênquima; 2 – fibras; 3 – floema; 4 – xilema. **D.** Secção longitudinal passando por grupo de fibras: 1 – parênquima; 2 – fibras.

Trabalho prático nº 26

Material: Soja – semente
Nome científico: *Glycine Max (L.) Merril*
Família: *Leguminosae*
Objetivo: observar a presença de macroescleritos e de osteoescleritos.

A semente de soja é do tipo exalbuminada, sendo portanto constituída de tegumento da semente e embrião no qual predominam, em volume, as folhas cotiledonares ou cotiledones.

Procedimento

1. Cortar a semente transversalmente, tendo a preocupação de não perder o tegumento (casca da semente).
2. Submeter os cortes ao mesmo tratamento realizado no trabalho prático anterior.
3. Observar os cortes e desenhá-los.

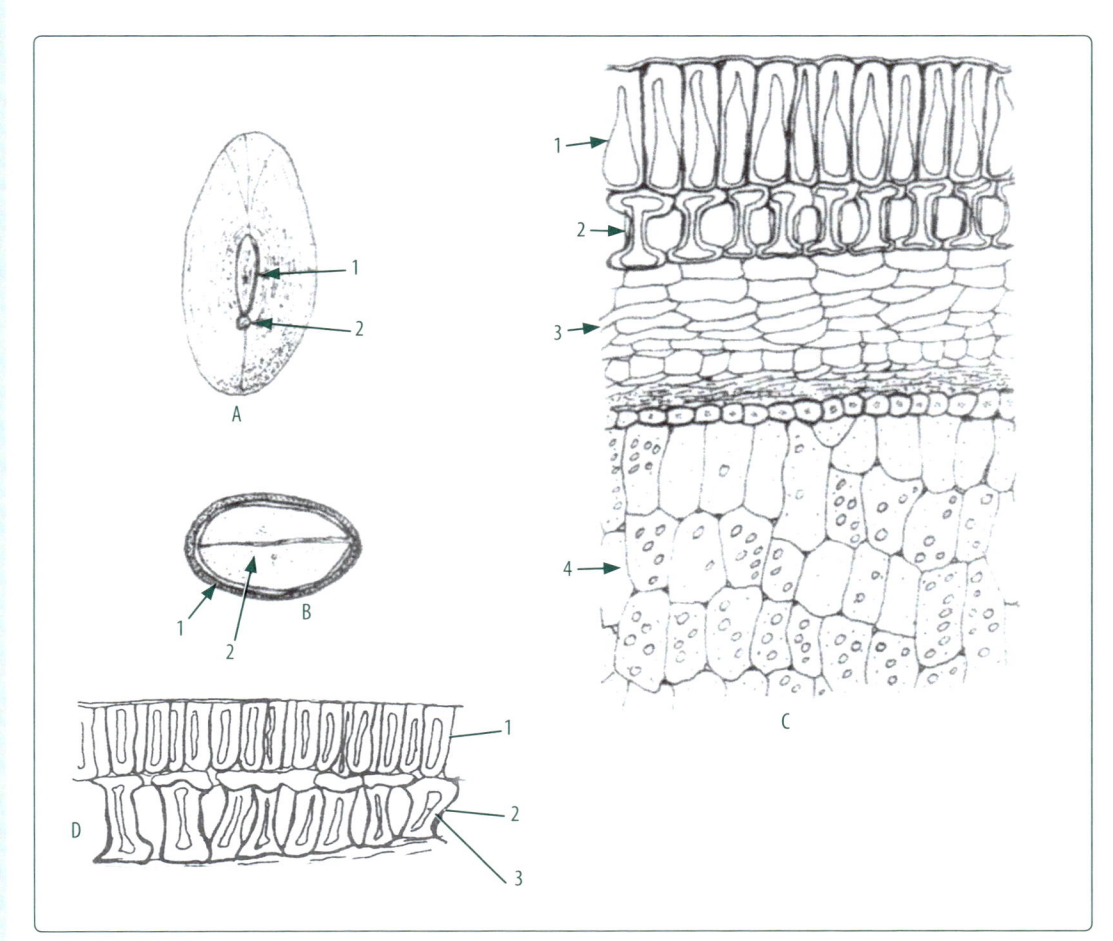

Fig. 6.14. Secção transversal do tegumento da semente de soja – *Glycine soja* Max (L.) Merril
A. Semente inteira. 1 – hilo, 2 – cicatrícula. **B.** Secção transversal: 1 – tegumento; 2 – cotiledone; **C.** Detalhe anatômico da secção transversal: 1 – camada paliçádica (macroesclereíde); 2 – camada colunar (osteosclereide); 3 – parênquima do tegumento; 4 – cotiledone (parênquima cotiledonar). **D.** Secção transversal do tegumento de semente de soja: 1 – macroesclereíde; 2 – osteoesclereíde; 3 – lúmen do osteoesclereíde.

TRABALHO PRÁTICO Nº 27

Material: Bico-de-papagaio – caule
Nome científico: *Euphorbia pulcherrima* Willd
Família: *Euphorbiaceae*
Objetivo: observar a presença de braquiescleritos.

É planta ornamental, originária da América Central, de porte arbustivo, podendo alcançar 3 metros de altura, presente em grande número de jardins espalhados por todo o Brasil. Usada para fins ornamentais, especialmente em época de Natal, chama a atenção por suas brácteas coloridas de cor vermelha intensa e que envolvem suas inflorescências do tipo ciátio.

A planta possui um látex brancacento, irritante da pele e das mucosas.

Procedimento

1. Preparar corpo de prova com o pedaço de casca (Fig. 6.15).
2. Efetuar cortes transversais.
3. Submeter os cortes ao mesmo tratamento realizado no trabalho prático anterior.
4. Observar os braquiescleritos e desenhá-los.

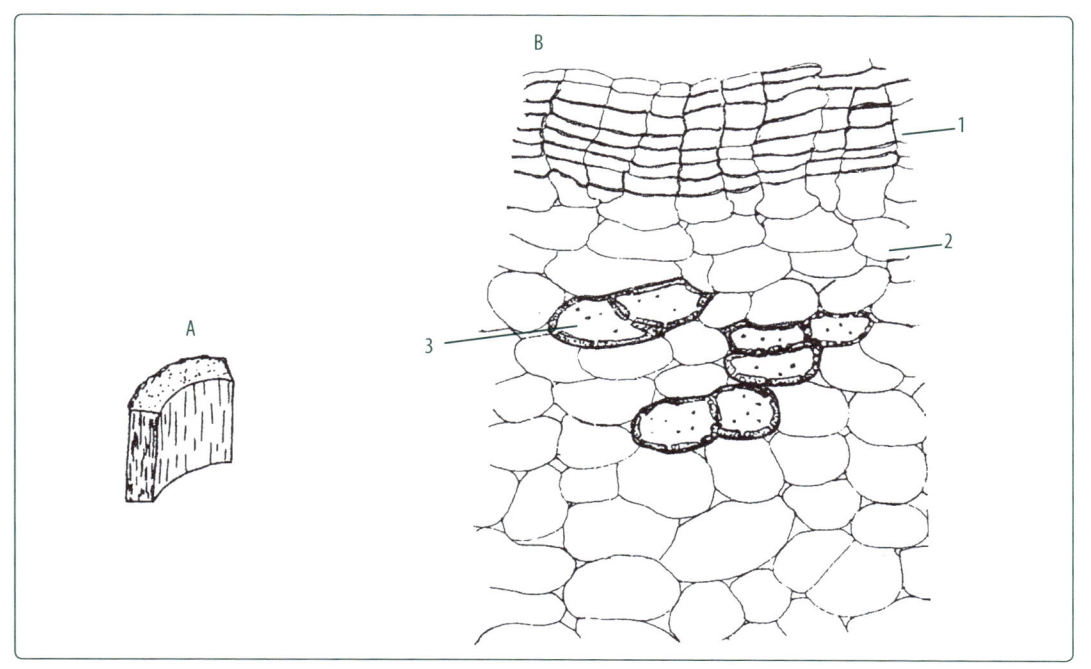

Fig. 6.15. Caule de *Euphorbia pulcherrima* Willd. **A.** Corpo de prova (região externa). **B.** Secção transversal: 1 – súber; 2 – parênquima; 3 – braquiesclerito.

Súber

O súber (do latim *suber* = cortiça) é um tecido permanente simples, originário do felógeno, provido de células com paredes suberificadas e adaptadas à função de proteção do vegetal.

O súber frequentemente é considerado parte de um tecido complexo, a periderme. As células suberosas coram-se pelo Sudan III.

O súber inclui também a presença de lenticelas, local onde as células apresentam um arranjo frouxo.

As células do súber apresentam arranjo caracteristicamente radiado. O felogeno nem sempre é bem evidente e origina para o lado de fora o suber, e para o lado de dentro um parênquima secundário, o feloderma. Súber, felogeno e feloderma, em conjunto, constituem a periderme.

TRABALHO PRÁTICO Nº 28

Material: Hibiscus ou graxa-de-estudante – casca
Nome científico: *Hibiscus rosa-sinensis* L
Família: *Malvaceae*
Objetivo: observar o súber em secção transversal e em secção paradérmica.

Procedimento
1. Preparar corpo de prova, segundo a Fig. 6.16.
2. Fazer cortes transversais.
3. Descolorir os cortes pelo hipoclorito, lavar bem, corá-los pela hematoxilina.
4. Lavar, montar os cortes em água entre lâmina e lamínula, observá-los e desenhá-los.
5. Fazer cortes paradérmicos, ou seja, paralelos à superfície da "casca externa" (periderme).
6. Proceder como no caso anterior.
7. Reservar dois tipos de cortes, alguns já descorados e lavados, para serem montados em Sudan III; observe a coloração adquirida pelas células suberosas.
8. Fazer desenho.

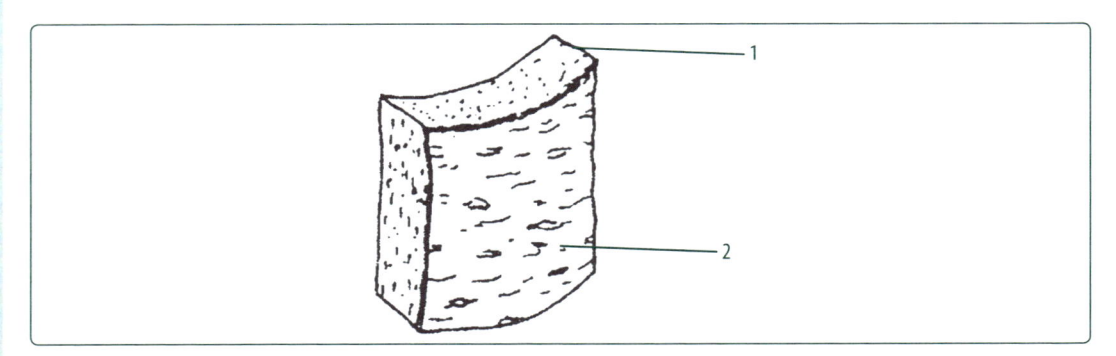

Fig. 6.16. Casca de *Hibiscus rosa-sinensis* L – corpo de prova: 1 – secção transversal; 2 – superfície externa (secção paradérmica).

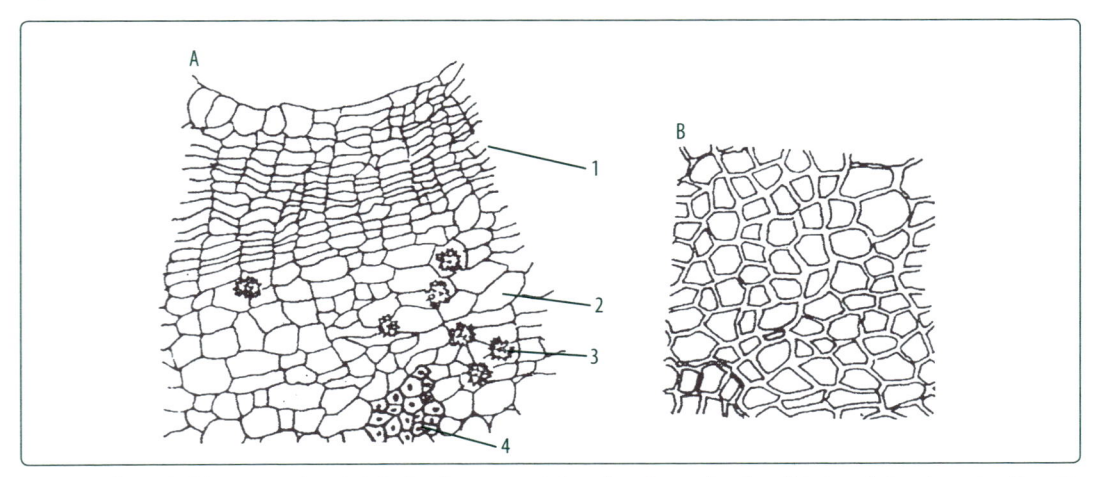

Fig. 6.17. Casca de *Hibiscus rosa-sinensis* L. **A.** Secção transversal: 1 – súber; 2 – parênquima (feloderma); 3 – drusa; 4 – fibras. **B.** Súber visto de face (secção paradérmica).

Trabalho prático nº 29

Material: Espirradeira – caule
Nome científico: *Nerium oleander* L
Família: *Apocynaceae*
Objetivo: observar o súber em secção transversal e longitudinal ou paradérmica.

A espirradeira é uma planta originária da região mediterrânea e presente na maioria dos jardins brasileiros. Trata-se de um arbusto que pode atingir mais de 3 metros de altura. Portador de folhas lanceoladas, coriáceas, verticiladas, com três folhas por verticilo. É planta lactescente e tóxica por conter em suas folhas e flores, principalmente, substâncias que atuam no coração.

Procedimento

1. Preparar corpo de prova.
2. Proceder como no caso anterior.
3. Observar os cortes devidamente preparados ao microscópio.
4. Fazer desenhos representativos.

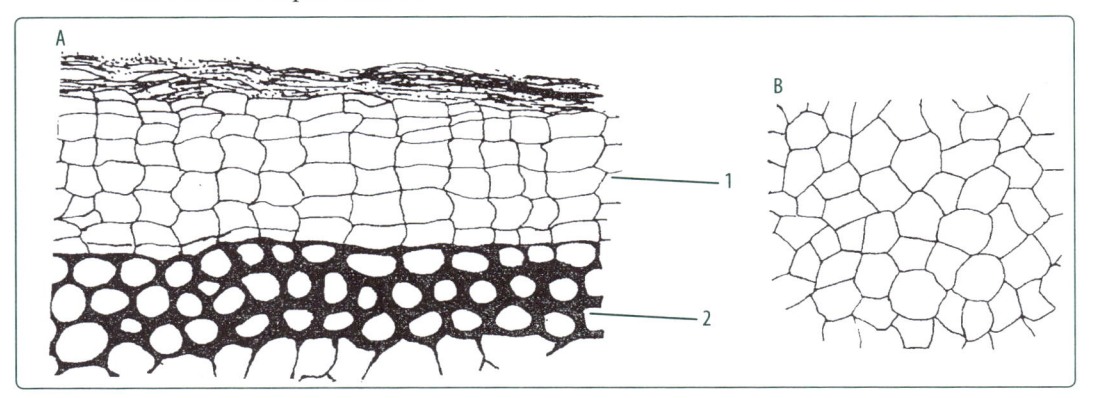

Fig. 6.18. Caule de Nerium oleander L. **A.** Secção transversal: 1 – súber; 2 – colênquima. **B.** Súber visto de face (corte paradérmico).

TECIDOS PERMANENTES COMPLEXOS

Três são os tipos de tecidos permanentes complexos: epiderme, floema e xilema.

1. Epiderme: é o tecido mais externo e que reveste o corpo primário das plantas. É constituído de uma fileira de células vivas sem espaços intercelulares. Na epiderme encontramos anexos epidérmicos como tricomas e estômatos. As células são recobertas por uma camada de cutina – a cutícula.
2. Floema: tecido responsável pela condução da seiva elaborada. É constituído por elementos crivados (tubos crivados e células crivadas) e parênquima do floema. Nessa região pode ocorrer esclerênquima.
3. Xilema: tecido responsável pela condução da seiva bruta das raízes para as partes superiores das plantas. É responsável também pelo suporte mecânico das plantas, bem como, ocasionalmente, pelo armazenamento de nutrientes. É constituído por elementos traqueais (vasos ou traqueias e traqueídes), parênquima do xilema e fibras.

Epiderme

Designa-se por epiderme (do grego *epi* = sobre + *derma* = pele) a um conjunto de diversos tipos de células oriundas do dermatógeno ou protoderme que recobre o corpo primário do vegetal. A epiderme corresponde ao tecido de revestimento presente no corpo primário dos vegetais.

É um tecido complexo, no qual pode ser observada a presença de células epidérmicas e anexos epidérmicos. Os anexos epidérmicos, por sua vez, podem ser divididos em duas categorias: os estômatos e os tricomas.

Os estômatos, de acordo com o número e arranjo das células paraestomatais, podem ser classificados em paracíticos, diacíticos, anomocíticos e anisocíticos. Como tipo de estômato especial, mencionam-se os estômatos das gramíneas e ciperáceas, nas quais as células-guardas apresentam as extremidades em forma de bulbos, sendo a parte mediana razoavelmente estreita e reta.

Os tricomas podem ser de diversos tipos – pelos tectores, pelos glandulares, escamas, papilas e acúleos.

TRABALHO PRÁTICO Nº 30

Material: Café – folha
Nome científico: *Coffea arabica* L
Família: *Rubiaceae*
Objetivo: observar as células epidérmicas, a localização de estômatos, o tipo de estômato (paracítico) e o tipo de cutícula.

O café é um arbusto de origem africana, cultivado com muita frequência no Brasil. Apresenta caracteristicamente folhas opostas providas de estípulas interpeciolares.

Procedimento

1. Fazer cortes paradérmicos da epiderme superior, da epiderme inferior e corte transversal.
2. Para a obtenção dos cortes paradérmicos, enrolar a folha no suporte de medula de embaúba e efetuar cortes paralelos às epidermes.
3. Transferir os cortes para a solução de hipoclorito, na qual devem permanecer até ficarem praticamente incolores.
4. Lavar os cortes em outro vidro de relógio até retirar todo o hipoclorito.
5. Corar os cortes pela hematoxilina e montá-los em água.
6. Observar os cortes ao microscópio e desenhá-los.
7. Para a obtenção dos cortes transversais, proceder da maneira usual, empregando coloração pela hematoxilina.
8. Observar e desenhar as células epidérmicas e o tipo do estômato e da cutícula.

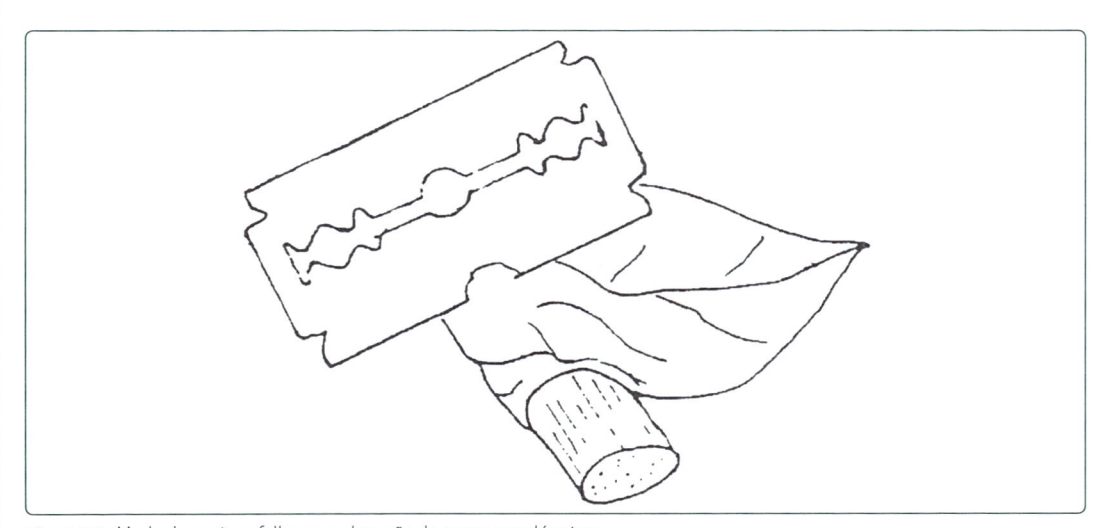

Fig. 6.19. Modo de apoiar a folha para obtenção de cortes paradérmicos.

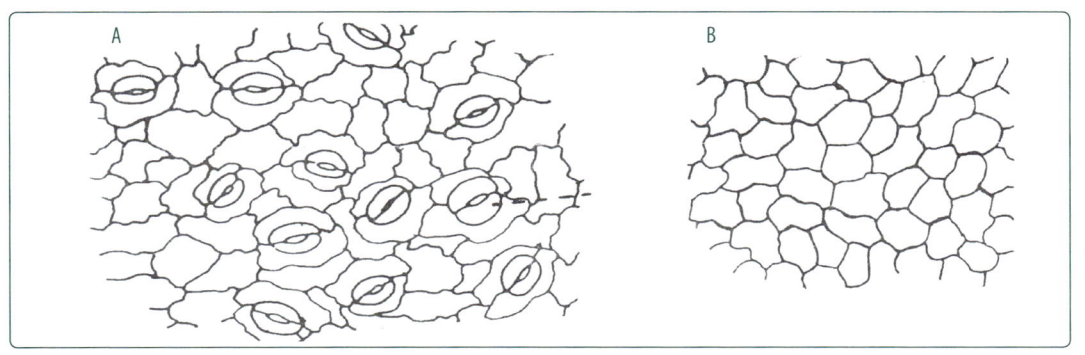

Fig. 6.20. Epiderme de *Coffea arabica* L vista de face. **A.** Epiderme inferior mostrando: 1 – estômatos paracíticos. **B.** Epiderme superior.

TRABALHO PRÁTICO Nº 31

Material: Tabaco – folha
Nome científico: *Nicotiana tabacum* L
Família: *Solanaceae*
Objetivo: observar as células epidérmicas, o tipo de estômato (anisocítico), os tipos de pelos e o tipo de cutícula.

Erva anual ou bianual que alcança 2 metros de altura. É provida de grandes folhas, largas, alternas, sésseis, que chegam a alcançar 50 cm de comprimento. Trata-se de planta tóxica e medicinal, largamente empregada na elaboração de cigarros.

Procedimento
1. Proceder como no caso anterior.
2. Observar e desenhar os tipos de estômato, pelos e a forma da cutícula.

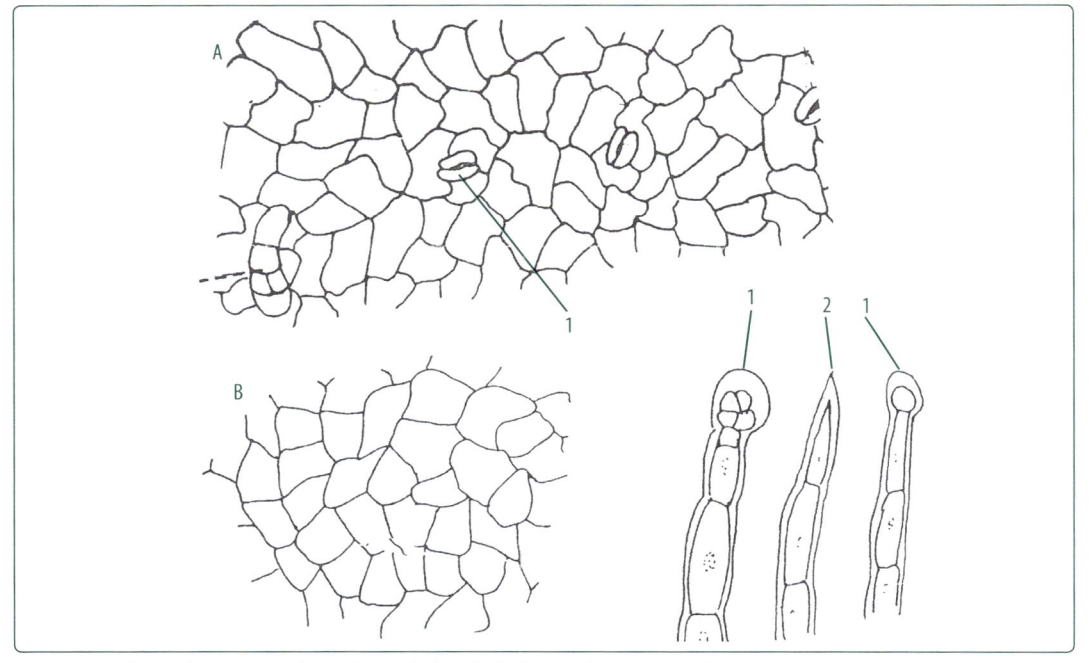

Fig. 6.21. Epiderme de *Nicotiana tabacum* L vista de face. **A.** Epiderme inferior mostrando: 1 – estômato anisocítico; 2 – pelo glandular. **B.** Epiderme superior. **C.** Pelos: 1 – glandular; 2 – tector.

TRABALHO PRÁTICO Nº 32

Material: Manjericão – folha
Nome científico: *Ocimum* sp
Família: *Labiatae*
Objetivo: observar as células epidérmicas, o tipo de estômato (diacítico), os tipos de pelos e o tipo de cutícula.

Erva aromática anual, ereta, medindo de 30 a 50 cm de altura. Muito cultivada no Brasil, onde é empregada como condimento e também com finalidade medicinal. Apresenta folhas simples, de disposição oposta cruzada, membranáceas, de contorno ovalado ou lanceolado, medindo geralmente 4 a 7 cm de comprimento.

Procedimento

1. Proceder como no caso anterior.
2. Observar e desenhar os tipos de pelos, estômatos e a forma de cutícula.

Fig. 6.22. Epiderme de *Ocimum* sp vista de face. **A.** Epiderme inferior mostrando: 1 – estômato diacítico; 2 – pelo glandular. **B.** Epiderme superior mostrando: 1 – pelo tector; 2 – pelo glandular. **C.** e **D.** Secção transversal da folha mostrando pelo glandular.

TRABALHO PRÁTICO Nº 33

Material: Guaco – folha
Nome científico: *Mikania glomerata* Sprengel
Família: *Compositae*

Objetivo: observar células epidérmicas, tipo de estômato (anomocítico), presença de pelos e tipo de cutícula.

O guaco é uma planta volúvel originária do Brasil, mas especificamente da Mata Atlântica brasileira. Apresenta folhas opostas de ápice acuminado e base ligeiramente reentrante, subcordiformes e trinervadas. É trilobada e mede aproximadamente 10 cm, quando adulta. Apresenta odor aromático e cumarínico característico. Frequente nos quintais e usada com finalidade medicinal.

Procedimento

1. Proceder como no caso anterior.
2. Observar os referidos anexos epidérmicos e desenhá-los.

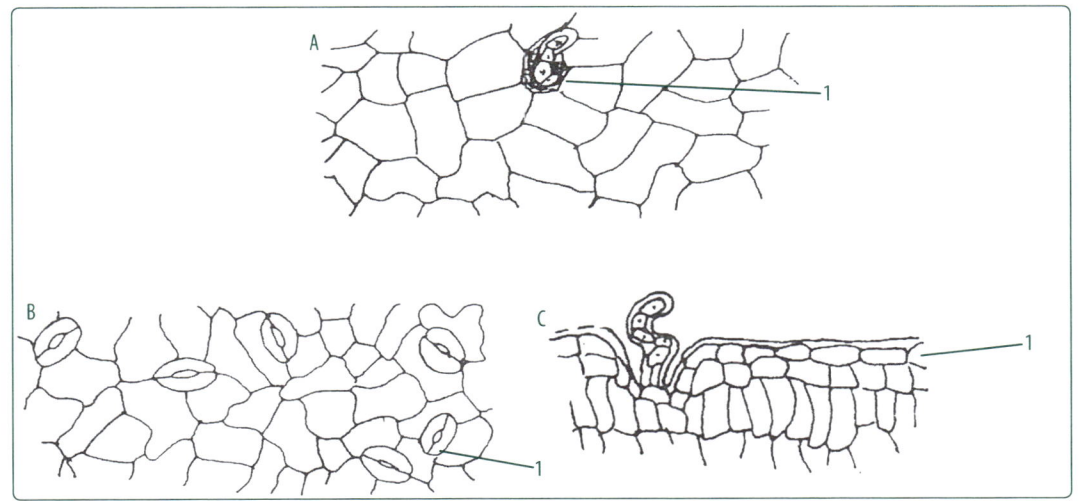

Fig. 6.23. Epiderme de *Mikania glomerata* Sprengel vista de face. **A.** Epiderme superior mostrando: 1 – pelo glandular localizado em depressão. **B.** Epiderme inferior mostrando; 1 – estômato anomocítico. **C.** Secção transversal da folha mostrando; 1 – epiderme com pelo glandular localizado em depressão.

Floema

O termo floema (do grego *phloios* = casca) designa tecido permanente complexo formado por diversos tipos de elementos histológicos, como elementos crivados com ou sem células companheiras, parênquima do floema e esclerênquima.

O floema faz parte, junto com o xilema, do sistema vascular ou condutor das plantas, transportando a seiva elaborada. As paredes de suas células podem ser de natureza celulósica – elementos crivados e parênquima do floema – ou de natureza lignificada – fibras e escleritos.

TRABALHO PRÁTICO Nº 34

Material: Chuchu – caule
Nome científico: *Sechium edule* (Jacquin) Swartz
Família: *Cucurbitaceae*
Objetivo: observar floema, tubos crivados, placas crivadas, células companheiras, parênquima do floema.

O chuchu é uma hortaliça-fruto também conhecida pelo nome de machucho. A planta do chuchu é uma trepadeira originária da América Central. Provida de porte herbáceo, apresenta folhas opostas, alternas, inseridas sobre caule pouco lignificado, carnoso e provido de gavinhas.

Procedimento

1. Fazer cortes transversal e longitudinal.

2. Observar a superfície transversal do caule de chuchu. No centro da estrutura existe uma fístula. Sobre toda a superfície existem manchas brancacentas correspondentes aos feixes vasculares. Orientar os cortes transversais no sentido de incluírem essas estruturas (feixes vasculares). O corte não precisa conter toda a secção transversal.

3. Descorar os cortes pelo hipoclorito e fazer coloração pela hematoxilina, segundo técnica já aplicada.

4. Montar os cortes em água entre lâmina e lamínula.

5. Observar os cortes ao microscópio e desenhá-los.

6. Na obtenção dos cortes longitudinais, dividir o cilindro caulinar longitudinalmente ao meio, tendo a preocupação de fazer com que o corte passe pelo feixe vascular. Fazer inúmeros cortes sempre com essa preocupação.

7. Realizar descoloração, coloração e montagem como nos casos anteriores.

8. Observar os cortes ao microscópio e desenhar células companheiras, placas crivadas e parênquima do floema.

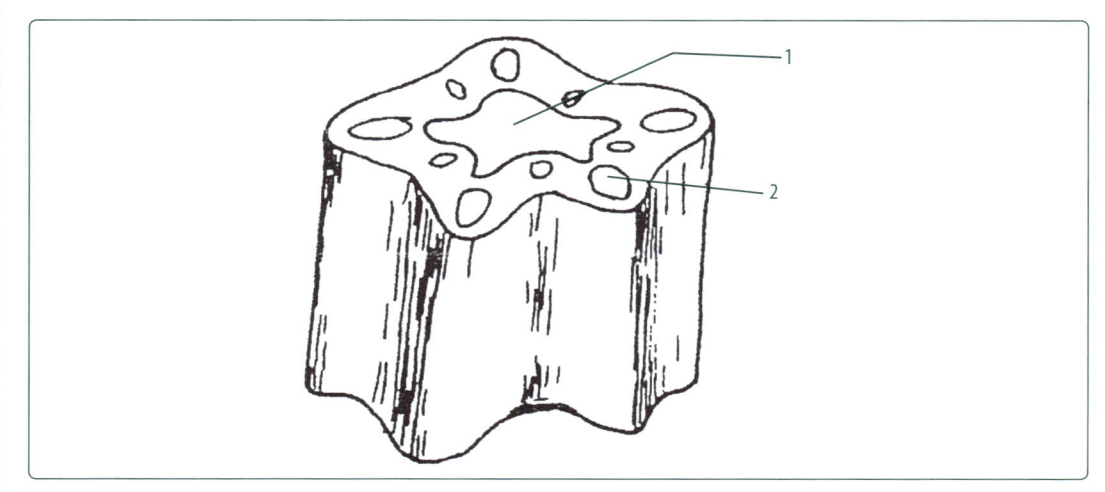

Fig. 6.24. Pedaço de caule de *Sechium edule* (Jacquin) Swartz. Corpo de prova: 1 — feixe vascular; 2 — fístula.

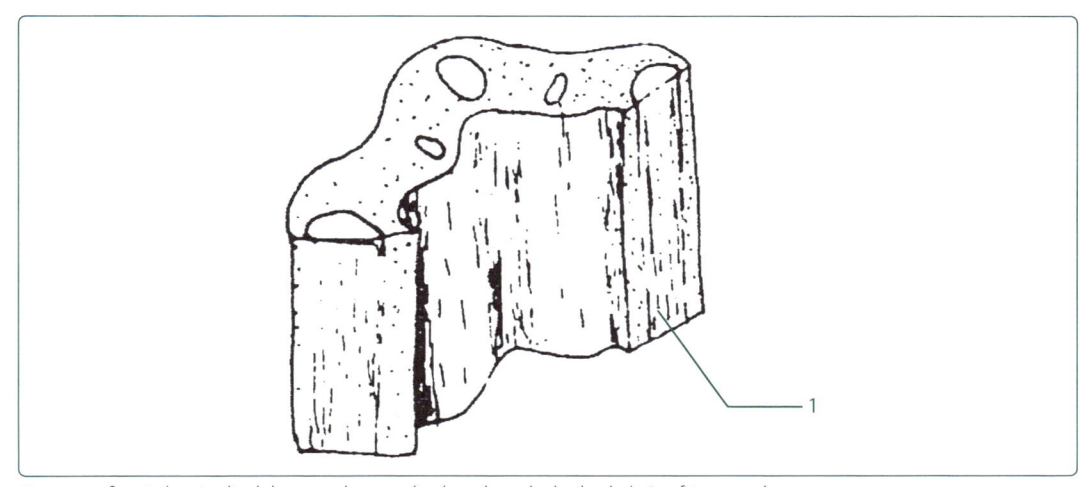

Fig. 6.25. Secção longitudinal do corpo de prova (pedaço de caule do chuchu): 1 — feixe vascular.

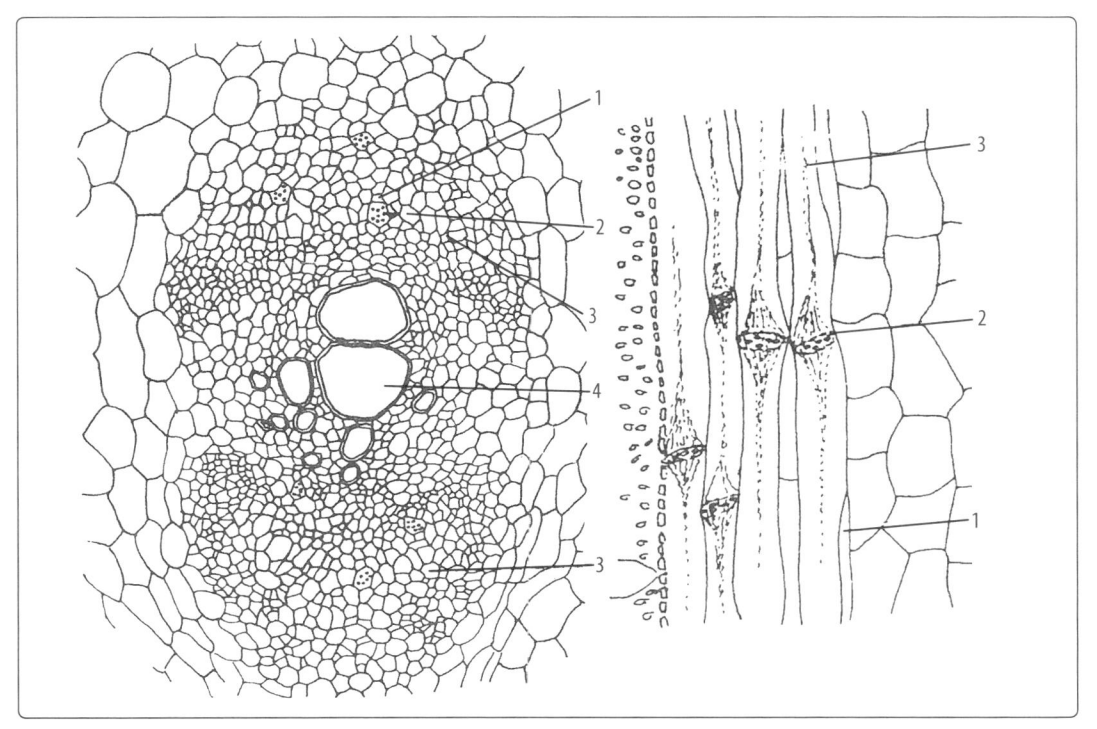

Fig. 6.26. Feixe vascular bicolateral de *Sechium edule* (Jacquin) Swartz. **A.** Seção transversal: 1 – célula companheira; 2 – placa crivada; 3 – floema; 4 – xilema. **B.** Secção longitudinal: 1 – célula companheira; 2 – placa crivada; 3 – floema.

TRABALHO PRÁTICO Nº 35

Material: Mentrasto – caule
Nome científico: *Ageratum conyzoides* L
Família: *Compositae*
Objetivo: observar floema e recapitular todos os tecidos já vistos.

O mentrasto é uma erva anual, ereta, pilosa, aromática, que pode atingir 1 metro de altura. É planta cosmopolita, que acompanha o homem, sendo muito encontrada em terrenos baldios próximos a residências. Possui propriedades medicinais.

Procedimento
1.   Incluir o material a ser corado na medula de embaúba.
2.   Efetuar cortes transversais.
3.   Descorar, corar e montar os cortes transversais como nos casos anteriores.
4.   Observar os cortes e desenhá-los.

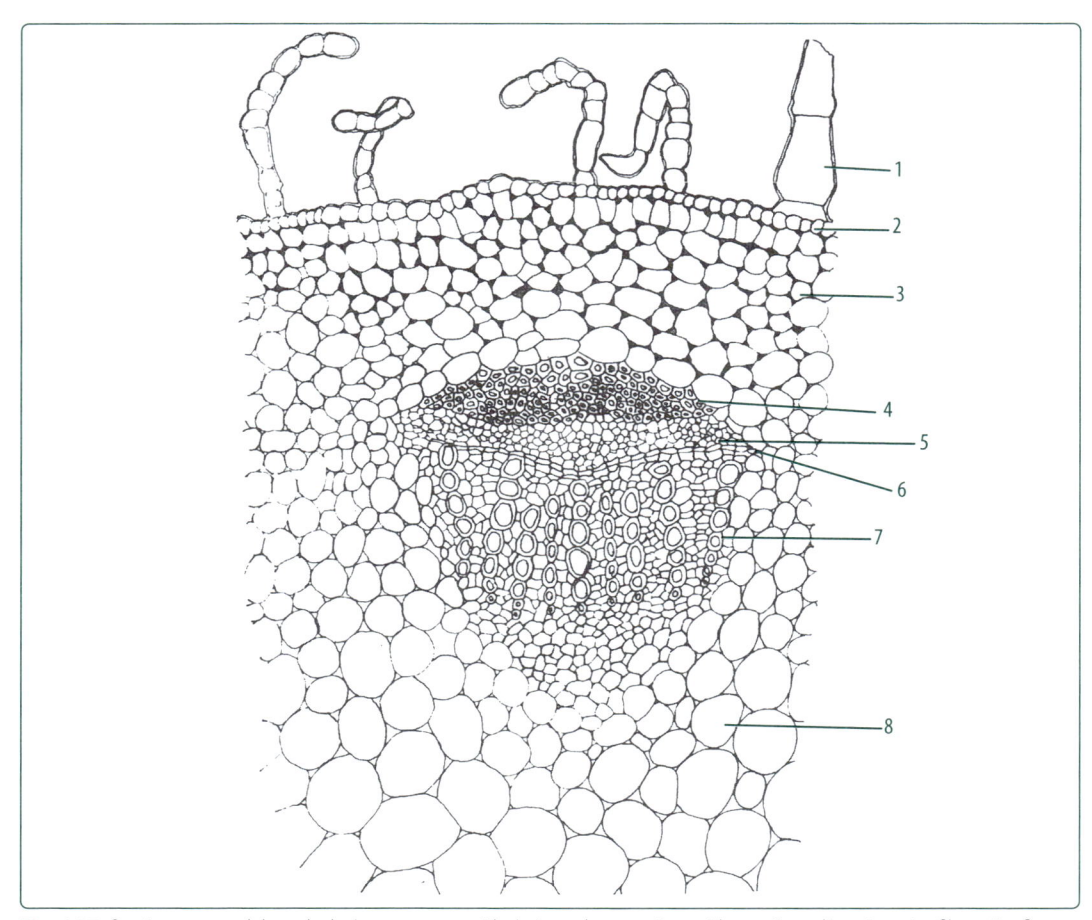

Fig. 6.27. Secção transversal de caule de *Ageratum conyzoides* L: 1 – pelo tector; 2 – epiderme; 3 – colênquima; 4 – fibras; 5 – floema; 6 – câmbio; 7 – xilema; 8 – parênquima medular.

Xilema

A palavra xilema provém do grego *xylon*, que significa madeira. O xilema é um tecido permanente complexo constituído por elementos traqueais (vasos ou traqueias e traqueídes), parênquima do xilema e fibras. O xilema é responsável pelo transporte da seiva bruta. É também responsável pelo suporte mecânico de sustentação.

As paredes do xilema encontram-se espessadas por lignina, corando-se especificamente em vermelho-cereja pela floroglucina clorídrica; em amarelo, pelo lugol; em verde, pelo verde-iodo; e em vermelho, pela safranina.

TRABALHO PRÁTICO Nº 36

Material: Funcho – caule
Nome científico: *Foeniculum vulgare* Miller
Família: *Umbelliferae*
Objetivo: observar vasos xilemáticos: anelado, espiralado e pontuado (corte longitudinal); observar metaxilema e protoxilema (corte transversal).

O funcho é uma erva perene, bianual, originária da Europa, mas muito cultivada no Brasil. Trata-se de planta bastante aromática empregada tanto como condimento quanto em culinária como verdura. Tem também emprego medicinal, como estimulante das funções digestivas.

Suas folhas, compostas, pinadas com folíolos filamentosos, são inferiormente providas de bainha, as quais se convertem em uma espécie de bulbo muito apreciado como alimento. O caule, do qual partem as folhas, é verde, cilíndrico e estriado longitudinalmente.

Procedimento

1. Separar um pedaço de caule de aproximadamente 2 cm de comprimento e fazer cortes transversais e longitudinais, obedecendo aos cuidados assinalados no trabalho prático nº 34.
2. Separar os melhores cortes e, com uma parte deles, proceder à técnica de coloração pela hematoxilina de Delafield.
3. Lavar e montar, entre lâmina e lamínula, em floroglucina clorídrica, os outros cortes selecionados, após o descoloramento pela solução de hipoclorito.
4. Observar a estrutura e desenhá-la.
5. Desenhar detalhes do esclerênquima e da região xilemática.

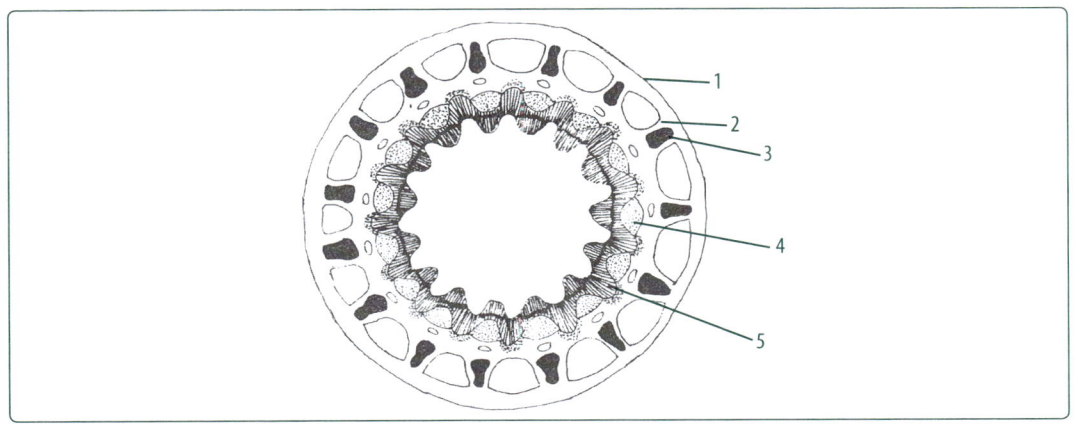

Fig. 6.28. Desenho esquemático de secção transversal de caule de *Foeniculum vulgare* Miller: 1 – epiderme; 2 – parênquima; 3 – esclerênquima; 4 – floema; 5 – xilema.

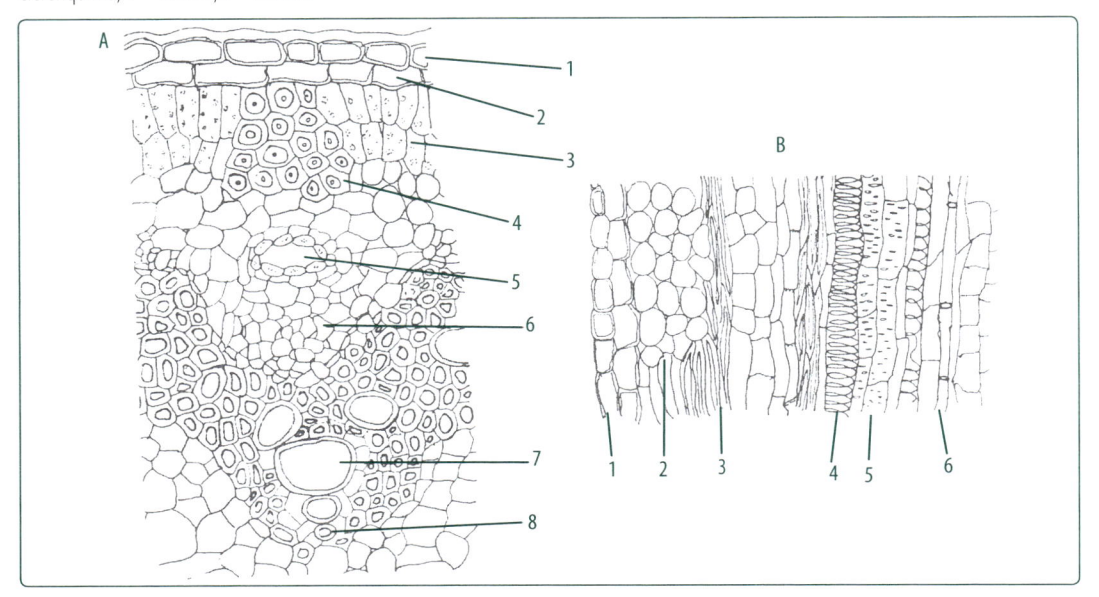

Fig. 6.29. Caule de *Foeniculum vulgare* Miller. **A.** Secção transversal: 1 – epiderme; 2 – hipoderme; 3 – parênquima; 4 – fibras; 5 – canal secretor; 6 – floema; 7 – vaso (metaxilema); 8 – vaso (protoxilema). **B.** Secção longitudinal: 1 – epiderme; 2 – parênquima; 3 – fibras; 4 – vaso espiralado; 5 – vaso pontuado; 6 – vaso anelado.

TRABALHO PRÁTICO Nº 37

Material: Chuchu – caule
Nome científico: *Sechium edule* (Jacquin) Swartz
Família: *Cucurbitaceae*
Objetivo: observar o xilema.

Procedimento
1. Fazer cortes transversal e longitudinal, seguindo a técnica assinalada no trabalho prático nº 34.
2. Empregar toda a técnica, substituindo a hematoxilina pela floroglucina clorídrica.
3. Fazer desenhos representativos.

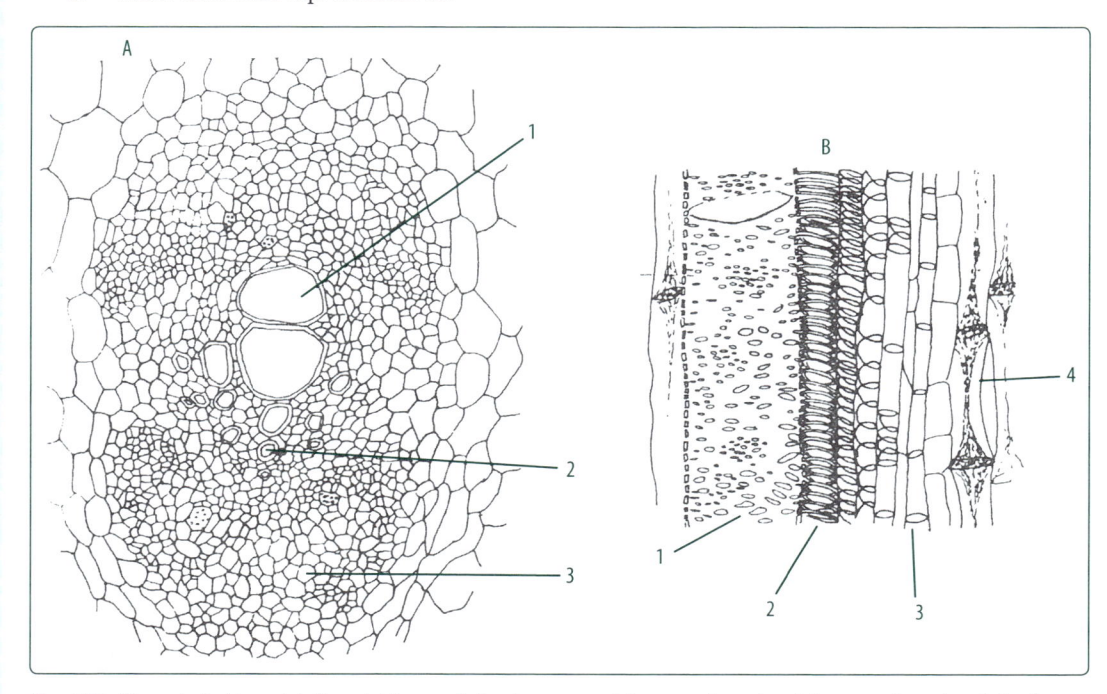

Fig. 6.30. Xilema de *Sechium edule* (Jacquin) Swartz. **A.** Secção transversal: 1 – metaxilema (vaso); 2 – protoxilema (vaso); 3 – floema. **B.** Secção longitudinal: 1 – vaso pontuado; 2 – vaso espiralado; 3 – vaso anelado; 4 – floema.

TRABALHO PRÁTICO Nº 38

Material: Café – caule
Nome científico: *Coffea arabica* L
Família: *Rubiaceae*
Objetivo: observar o xilema primário e o xilema secundário.

Procedimento
1. Fazer cortes transversais e descolorir os melhores cortes pelo hipoclorito de sódio, separando-os em duas partes.
2. Em uma das partes, proceder à coloração com hematoxilina de Delafield, depois de lavada; a outra parte, montar em floroglucina clorídrica.
3. Observar os cortes e desenhá-los.

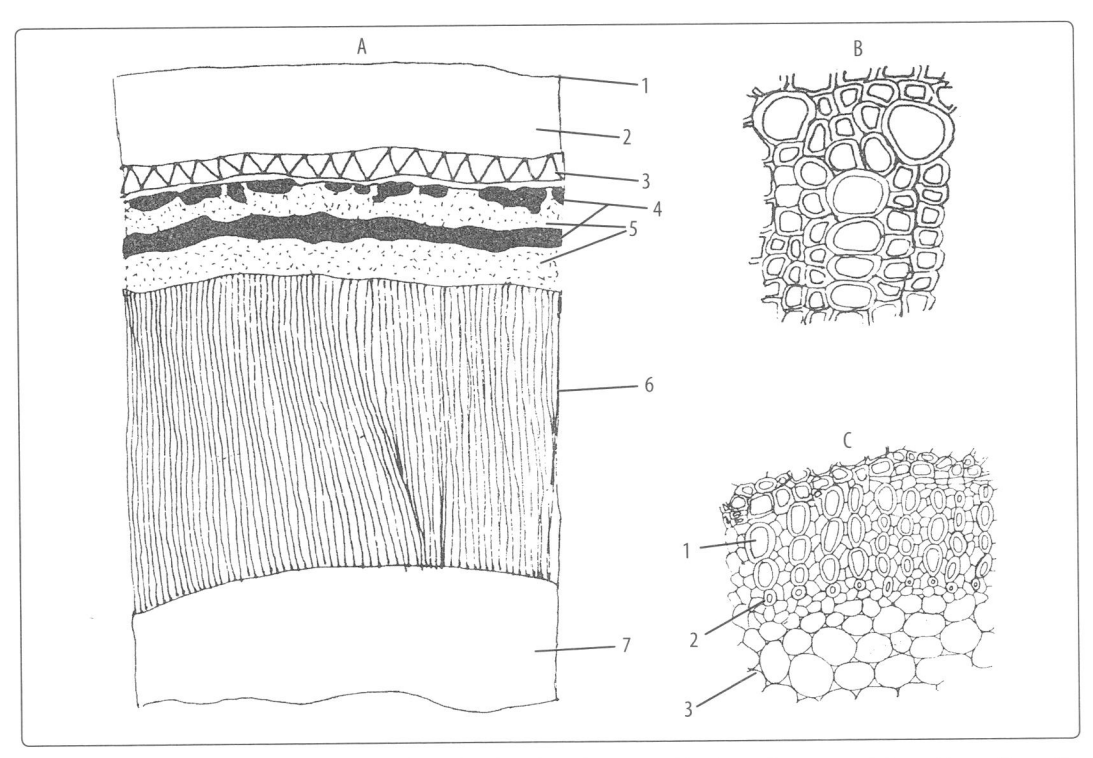

Fig. 6.31. Caule com estrutura secundária de *Coffea arabica* L. **A.** Desenho esquemático de secção transversal: 1 – epiderme; 2 – região cortical; 3 – início da formação de súber; 4 – esclerênquima; 5 – floema; 6 – xilema; 7 – região medular. **B.** Detalhe do xilema secundário. **C.** Detalhe do xilema primário: 1 – metaxilema; 2 – protoxilema; 3 – parênquima medular.

Feixes vasculares

INTRODUÇÃO

Xilema e floema localizam-se no corpo vegetal, um junto ao outro. Em geral, denomina-se feixe vascular ao conjunto de elementos condutores, acompanhado ou não de outros elementos histológicos como fibras, formando cordões no vegetal.

A posição relativa do floema e do xilema, bem como seus elementos constitutivos, varia de acordo com o grupo vegetal.

Existem diversos tipos de feixes vasculares, entre os quais os mais frequentes são: colateral aberto, colateral fechado, bicolateral, anficrival e anfivasal.

O feixe colateral se caracteriza pela presença do floema ao lado do xilema, sem um tecido envolver o outro. Ele é chamado de aberto quando apresenta câmbio, e fechado quando não apresenta esse meristema. Ele é denominado bicolateral quando se tem floema, câmbio, xilema e novamente floema. O feixe anficrival apresenta floema envolvendo o xilema; no feixe anfivasal, o xilema é que envolve o floema.

TRABALHO PRÁTICO Nº 39

Material: Guaco – caule
Nome científico: *Mikania glomerata* Sprengel
Família: *Compositae*
Objetivo: observação de feixe vascular colateral aberto.

Procedimento
1. Preparar corpo de prova (pedaço de caule de 1,5 a 2 cm de comprimento).
2. Fazer corte transversal de acordo com a técnica usual e corar pela hematoxilina de Delafield.
3. Observar ao microscópio. Desenhar.

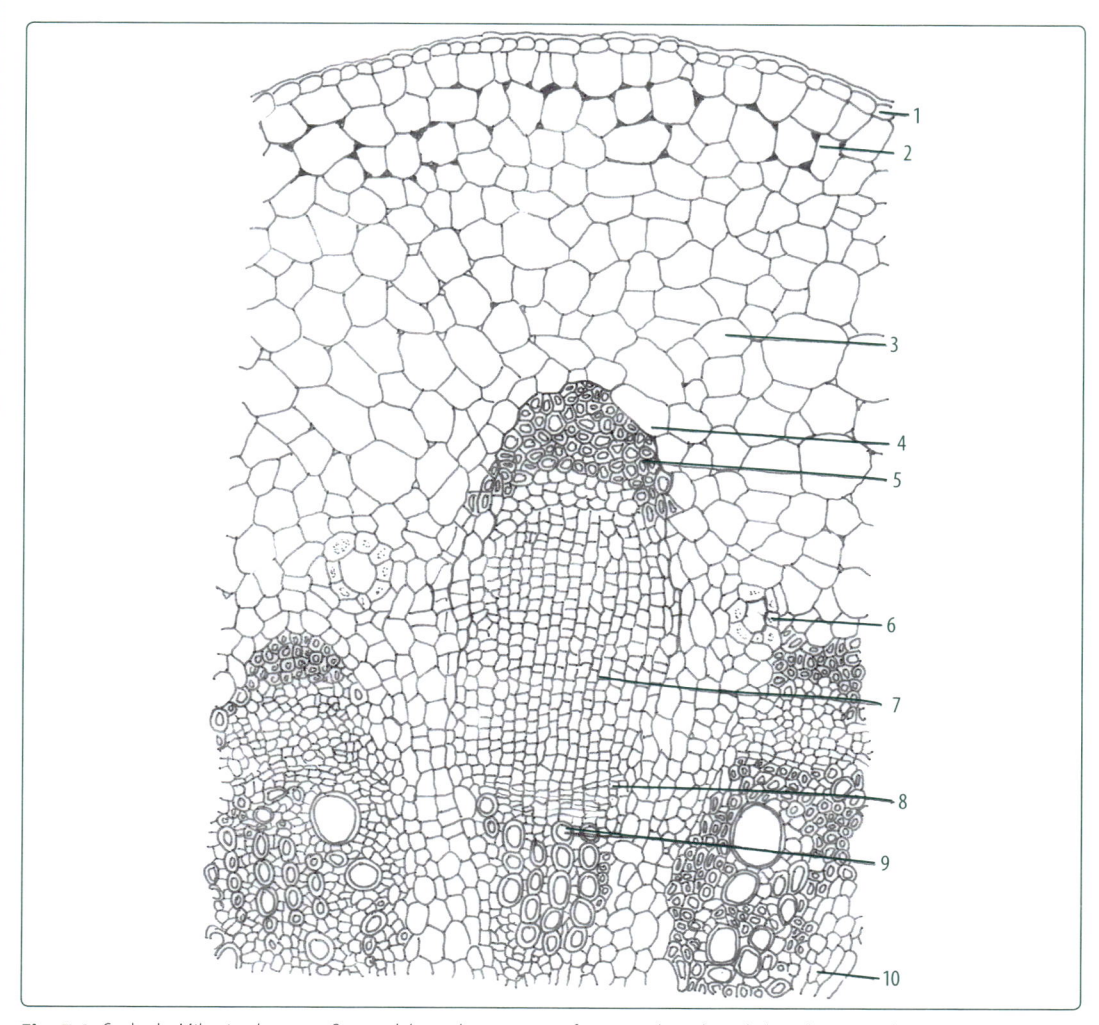

Fig. 7.1. Caule de *Mikania glomerata* Sprengel (com destaque para feixe vascular colateral aberto): 1 – epiderme; 2 – colênquima; 3 – parênquima cortical; 4 – endoderme; 5 – fibras (periciclo fibroso); 6 – canal secretor; 7 – floema; 8 – região cambial; 9 – xilema; 10 – raio medular.

TRABALHO PRÁTICO Nº 40

Material: Sapé – rizoma
Nome científico: *Imperata brasiliensis* Trinius
Família: *Gramineae*
Objetivo: observação de feixe vascular colateral fechado.

O sapé é uma das plantas mais conhecidas do Brasil. É empregada de formas muito diversas, desde cobertura para ranchos até uso medicinal.

Procedimento

1. Preparar corpo de prova e utilizar o mesmo procedimento do trabalho anterior, corando com hematoxilina.
2. Montar os cortes entre lâmina e lamínula.
3. Observar ao microscópio e desenhar.

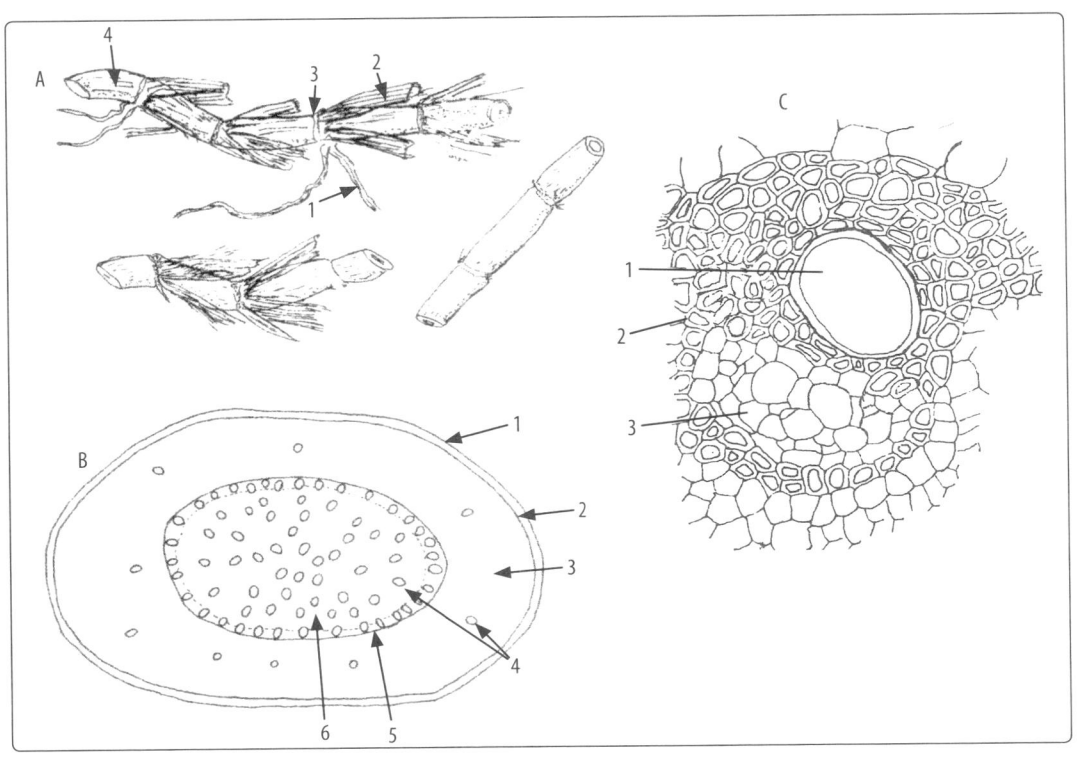

Fig. 7.2. *Imperata brasiliensis* Trinius. **A.** Aspecto externo do rizoma: 1 – raiz; 2 – catafilos; 3 – região do nó; 4 – região do entrenó. **B.** Secção transversal do rizoma: 1 – epiderme; 2 – hipoderme; 3 – região cortical; 4 – feixe vascular; 5 – periciclo; 6 – cilindro central. **C.** Feixe vascular colateral: 1 – xilema (vaso); 2 – fibras; 3 – floema.

TRABALHO PRÁTICO Nº 41

Material: Aboboreira – caule
Nome científico: *Cucurbita maxima* Duchesne
Família: *Cocurbitaceae*
Objetivo: observação de feixe vascular bicolateral.

Procedimento

1. Proceder como no caso anterior, com corte transversal e coloração pela hematoxilina de Delafield.
2. Desenhar o feixe vascular bicolateral.

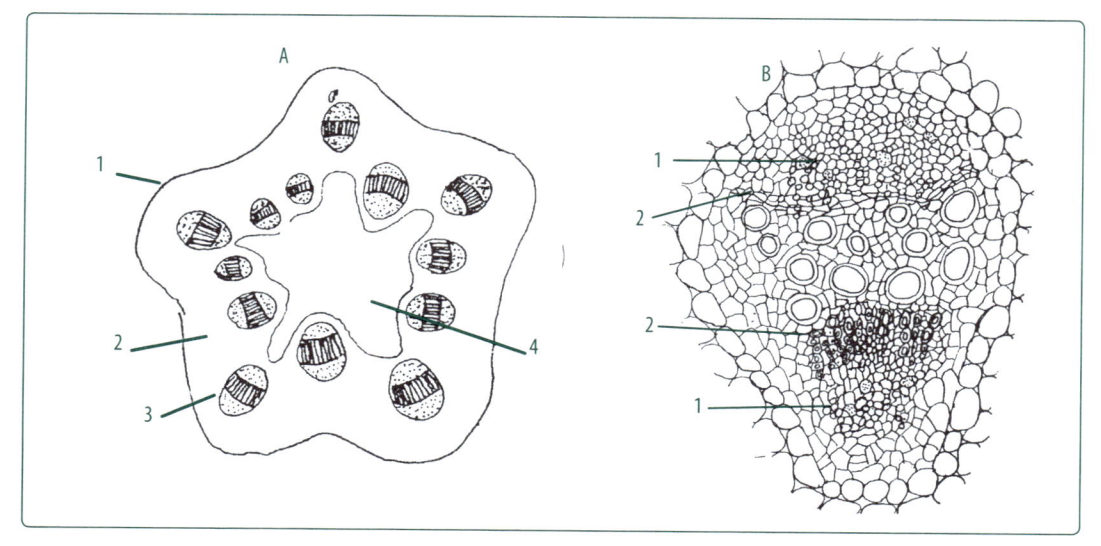

Fig. 7.3. Caule de *Cucurbita maxima* Duchesne. **A.** Desenho esquemático de secção transversal: 1 – epiderme; 2 – região cortical; 3 – feixe vascular; 4 – fístula. **B.** Feixe vascular bicolateral aberto: 1 – floema; 2 – xilema; 3 – região cambial.

TRABALHO PRÁTICO Nº 42

Material: Erva silvina – rizoma
Nome científico: *Micrograma squamulosum* (Kaulf.) de La Sota
Basônimo: *Polypodium squamulosum* Kaulfuss
Família: *Polypodiaceae*
Objetivo: observação de feixe vascular anfícrival.

Planta epífita de caule longo reptante com escamas umbricadas, lanceoladas, peltadas de ápice acuminado e de base ciliada. Possui frondes dimorfas, sendo as férteis mais estreitas do que as estéreis. É nativa do Brasil, ocorrendo especialmente na Mata Atlântica, e frequente em parques, jardins e em árvores urbanas, onde se fixa caracteristicamente sobre o tronco.

Procedimento
1. Proceder como no caso anterior.
2. Desenhar.

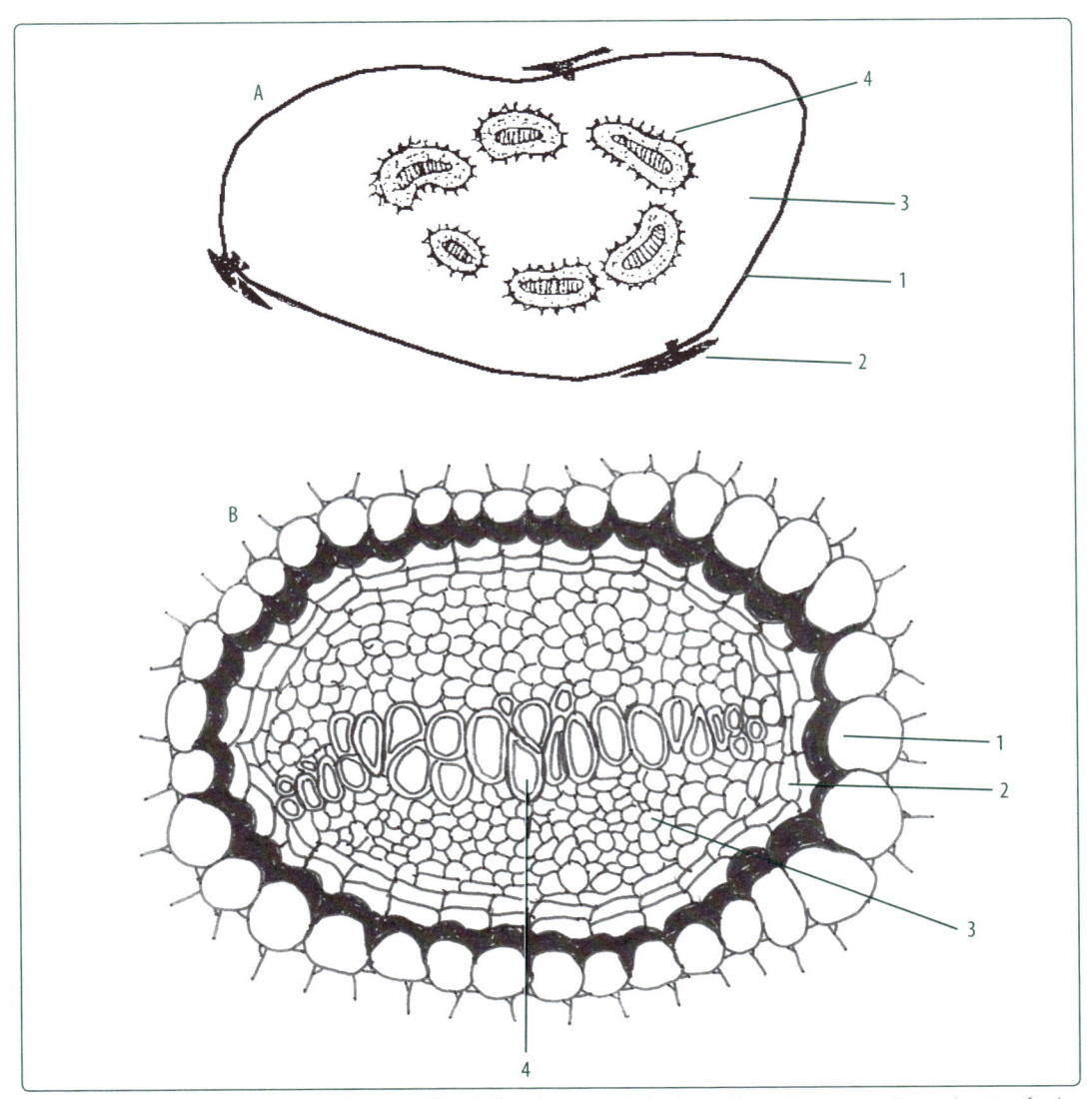

Fig. 7.4. Rizoma de *Polypodium squamulosum* Kaulfuss. **A.** Desenho esquemático: 1 – epiderme; 2 – escama; 3 – parênquima funda-mental; 4 – feixe vascular. **B.** Feixe vascular anficrival: 1 – endoderme com espessamento em U; 2 – periciclo; 3 – floema; 4 – xilema.

TRABALHO PRÁTICO Nº 43

Material: Cálamo aromático – rizoma
Nome científico: *Acorus calamus* L
Família: *Araceae*
Objetivo: observação de feixe vascular anfivasal.

O cálamo aromático é uma planta de origem asiática frequente na Europa e nas Américas. Possui propriedades medicinais, como eupéptica, estomática, estimuladora das secreções gástricas e carminativas. Seus rizomas dissecados, utilizados neste caso, encontram-se à venda em farmácias, ervanerias, herbolários e supermercados.

Procedimento
1. Fazer corte transversal e corá-lo pela hematoxilina de Delafield pela técnica usual.
2. Observar e desenhar.

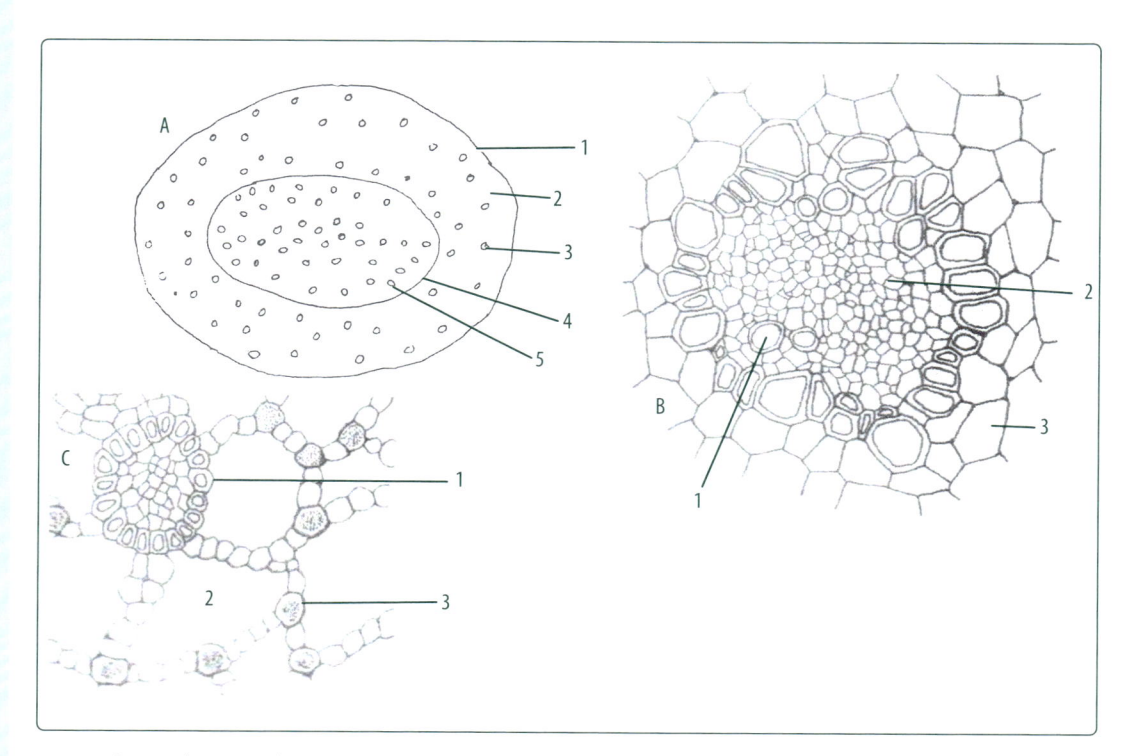

Fig. 7.5. Rizoma de *Acorus calamus* L. **A.** Desenho esquemático: 1 – epiderme; 2 – região cortical; 3 – feixe vascular da região cortical; 4 – periciclo; 5 – feixe vascular do cilindro central. **B.** Feixe vascular anfivasal: 1 – xilema; 2 – floema; 3 – parênquima (aerênquima). **C.** Fragmento do cilindro central: 1 – feixe vascular, 2 – câmara, 3 – célula oleífera.

Tipos de estelos

INTRODUÇÃO

A disposição dos tecidos vasculares nos diversos grupos de plantas é diferente. Assim, o estelo, ou cilindro central, de pteridófitas, gimnospermas, monocotiledôneas e dicotiledôneas diferem entre si.

Cada grupo vegetal apresenta características comuns tanto em suas regiões primárias caulinares quanto nas radiciais.

Essas características são importantes na identificação das drogas vegetais e na identificação microscópica de alimentos.

TIPOS DE ESTELOS CAULINARES

Os caules, de maneira geral, apresentam estruturas primárias que podem ser enquadradas em um dos seguintes tipos de estelo: sifonostelo, atactostelo e polistelo.

Sifonostelos

Os sifonostelos podem, por sua vez, ser divididos em dois grupos, conforme a presença ou ausência de raios medulares. Assim, temos os sifonostelos contínuos, em que não ocorrem raios medulares, e sifonostelos descontínuos, em que a presença de raios medulares pode ser notada. Os sifonostelos descontínuos aparecem caracteristicamente nas dicotiledôneas. Já os sifonostelos contínuos ocorrem em algumas dicotiledôneas e nas gimnospermas. Nas gimnospermas, o sistema vascular é exclusivamente ectofloico (floema voltado para o lado de fora da estrutura), ao passo que nas dicotiledôneas pode ser ectofloico e anfifloico (floema voltado tanto para o lado de fora da estrutura quanto para o lado de dentro, ou seja, duas regiões floemáticas).

Atactostelo

Neste caso, o sistema vascular acha-se dividido em cordões que se distribuem de forma caótica por toda a estrutura caulinar. Esse tipo de estelo é característico da maioria das monocotiledôneas.

Polistelo

Estrutura característica das pteridófitas.

No interior do parênquima fundamental, limitado externamente pela epiderme, ocorre a presença de inúmeros feixes vasculares, dispostos quase em círculo, do tipo anficrival. Cada um desses feixes vasculares é considerado um cilindro central. Isso por que eles apresentam endoderme e periciclo individuais.

TRABALHO PRÁTICO Nº 44

Material: Café – caule
Nome científico: *Coffea arabica* L
Família: *Rubiaceae*
Objetivo: observação de estrutura sifonostélica (sifonostelo ectofloico contínuo).

Procedimento

1. Retirar topos caulinares de planta de café e separar pedaços localizados próximos ao ápice. Esses fragmentos devem ser flexíveis e de coloração verde.
2. Efetuar cortes transversais com o auxílio de medula de embaúba; descorar pelo hipoclorito, lavar e corar pela hematoxilina de Delafield, conforme técnica usual.
3. Montá-los entre lâmina e lamínula, observá-los ao microscópio e desenhá-los.
4. Fazer desenho esquemático geral da estrutura e desenho detalhado de faixa, desde a epiderme até a medula.

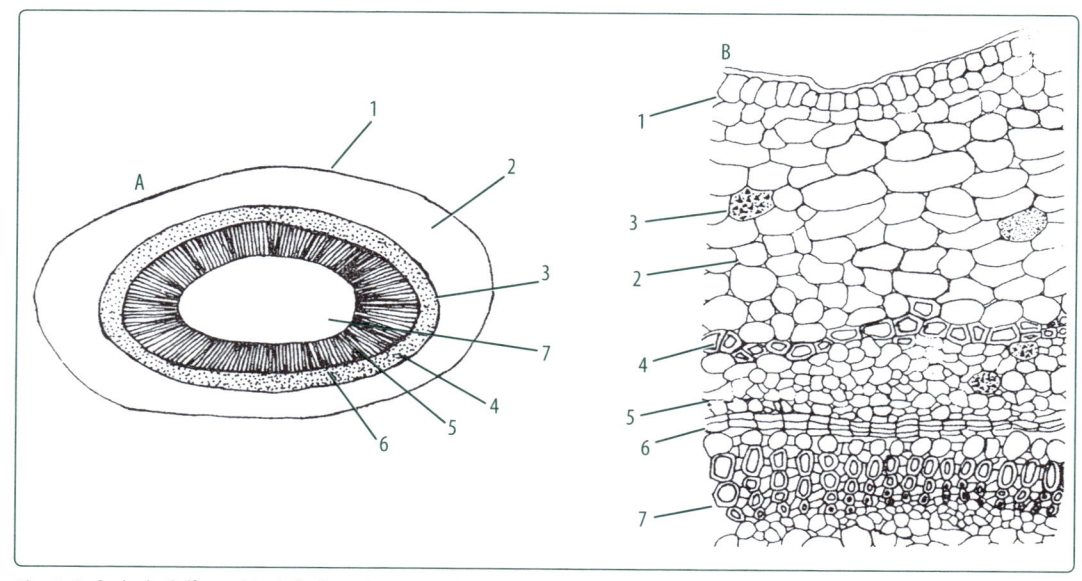

Fig. 8.1. Caule de *Coffea arabica* L. **A.** Desenho esquemático – estrutura do tipo sifonostelo contínuo: 1 – epiderme; 2 – região cortical; 3 – periciclo; 4 – floema; 5 – região cambial; 6 – xilema; 7 – medula. **B.** Secção transversal: 1 – epiderme; 2 – parênquima cortical; 3 – bolsa contendo areia cristalina; 4 – periciclo; 5 – floema; 6 – região cambial; 7 – xilema.

TRABALHO PRÁTICO Nº 45

Material: Hortelã – caule
Nome científico: *Mentha* sp
Família: *Labiatae*
Objetivo: observação de estrutura sifonostélica ectofloica descontínua (eustele).

Procedimento

1. Proceder como no caso anterior.
2. Observar ao microscópio.
3. Fazer desenho esquemático da estrutura e desenho detalhado da faixa que inclua feixe vascular.

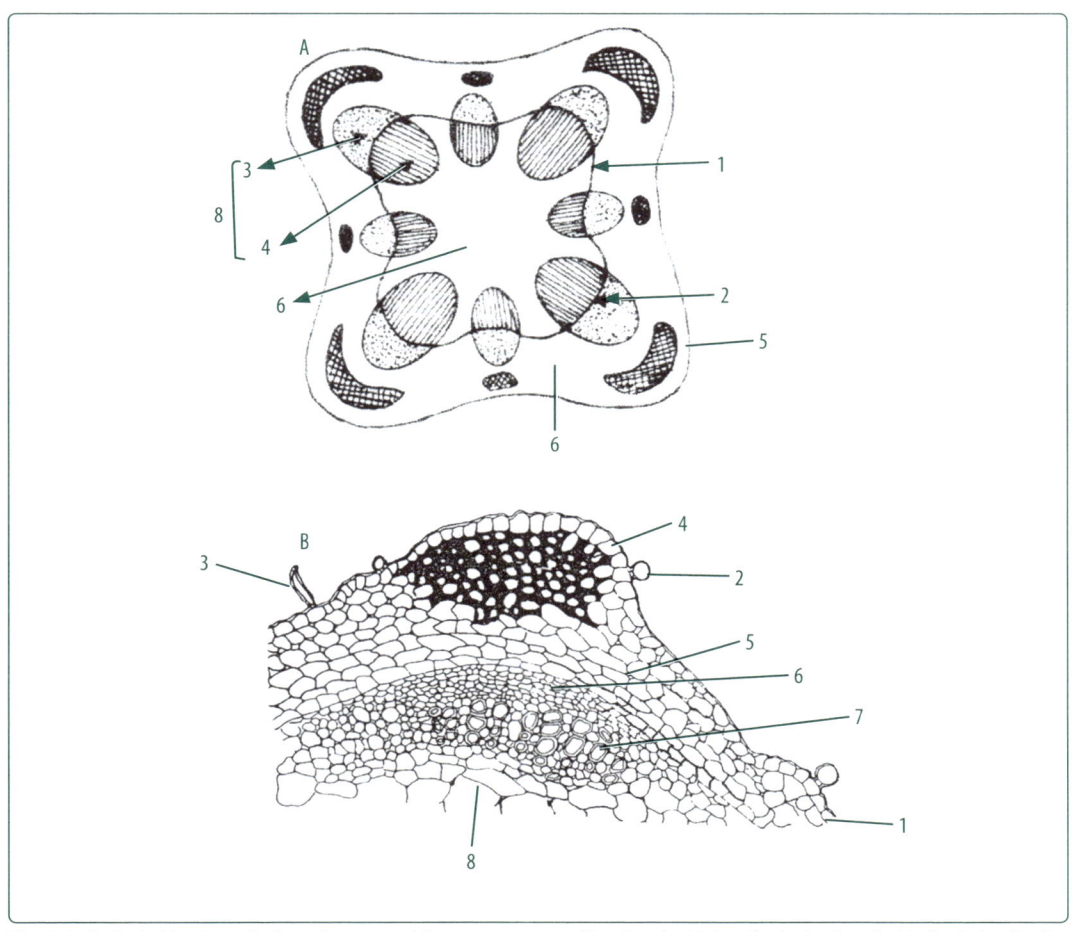

Fig. 8.2. Caule de *Mentha* sp. **A.** Desenho esquemático – estrutura eustélica: 1 – câmbio interfascicular; 2 – câmbio fascicular; 3 – floema; 4 – xilema; 5 – epiderme; 6 – região cortical; 7 – região medular; 8 – feixe vascular. **B.** Secção transversal: 1 – epiderme; 2 – pelo glandular; 3 – pelo tector; 4 – colênquima; 5 – parênquima cortical; 6 – floema; 7 – xilema; 8 – parênquima medular.

TRABALHO PRÁTICO Nº 46

Material: Grama – rizoma
Nome científico: *Stenotaphrum secundatum* (Walter) Kuntze
Família: *Gramineae*
Objetivo: observação de estrutura atactostélica.

Procedimento

1. Proceder como no caso anterior.
2. Observar a estrutura atactostélica ao microscópio, fazer desenho esquemático da referida estrutura e desenhar detalhadamente o feixe vascular envolvido pelo parênquima.

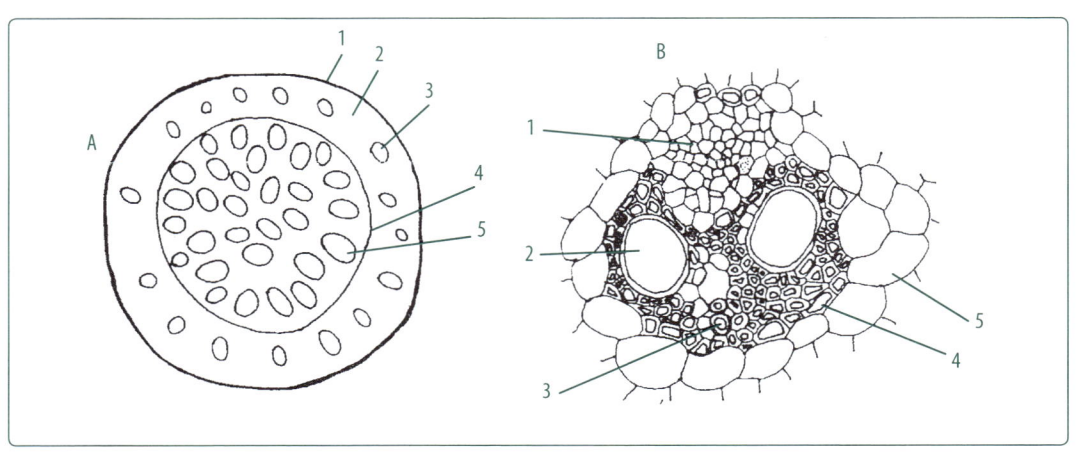

Fig. 8.3. Rizoma de *Stenotaphrum secundatum* (Walter) Kuntze. **A.** Desenho esquemático – estrutura atactostélica: 1 – epiderme; 2 – região cortical; 3 – feixe vascular da região cortical; 4 – periciclo; 5 – feixe vascular do cilindro central. **B.** Feixe vascular: 1 – floema; 2 – vaso do metaxilema; 3 – vaso do protoxilema; 4 – fibras; 5 – bainha parenquimática.

Trabalho prático nº 47

Material: Erva silvina – rizoma
Nome científico: *Polypodium squamulosum* Kaulfuss
Família: *Polypodiaceae*
Objetivo: observação de estrutura poliestélica.

Observação
Vide trabalho prático nº 42.

Procedimento

1. Proceder como no caso anterior.
2. Observar a estrutura polistélica ao microscópio e fazer desenho esquemático e detalhado desta estrutura.
3. Desenhar o feixe vascular anficrival.

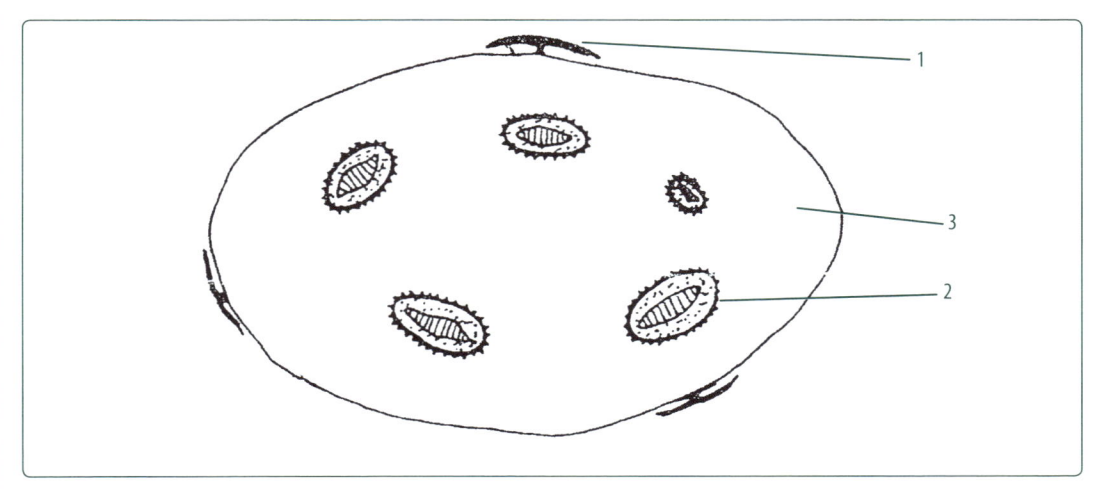

Fig. 8.4. Rizoma de *Polypodium squamulosum* Kaulfuss – estrutura polistélica: 1 – escama; 2 – feixe vascular anficrival (= cilindro central); 3 – parênquima fundamental.

TIPOS DE ESTELOS RADICIAIS

As raízes apresentam estelos que podem ser classificados em três tipos: protostelos, actinostelos e actinostelos poliárquicos medulados (poliarca).

Protostelo

A estrutura protostélica *sensu strito* ocorre em plantas vasculares inferiores. Algumas raízes de dicotiledôneas, por apresentarem cilindro central constituído de cilindro oco floemático envolvendo cilindro maciço de xilema, são consideradas protostelos.

Actinostelo

A estrutura actinostélica ou protostélica radiada, como também costuma ser chamada, é bem mais frequente. As dicotiledôneas apresentam estrutura actinostélica com poucos arcos de xilema, geralmente de 2 a 5, ao passo que as monocotiledôneas possuem quase sempre um número grande de arcos de xilema. Com frequência, à medida que os arcos de xilema aumentam, há tendência do aparecimento de medula no centro da estrutura.

Trabalho prático nº **48**

Material: Feijão – raiz de planta jovem (broto de feijão)
Nome científico: *Phaseolus vulgaris* L
Família: *Leguminosae*
Objetivo: observação de estrutura actinostélica.

Procedimento
1. Proceder como no caso anterior.
2. Fazer desenho da estrutura actinostélica.

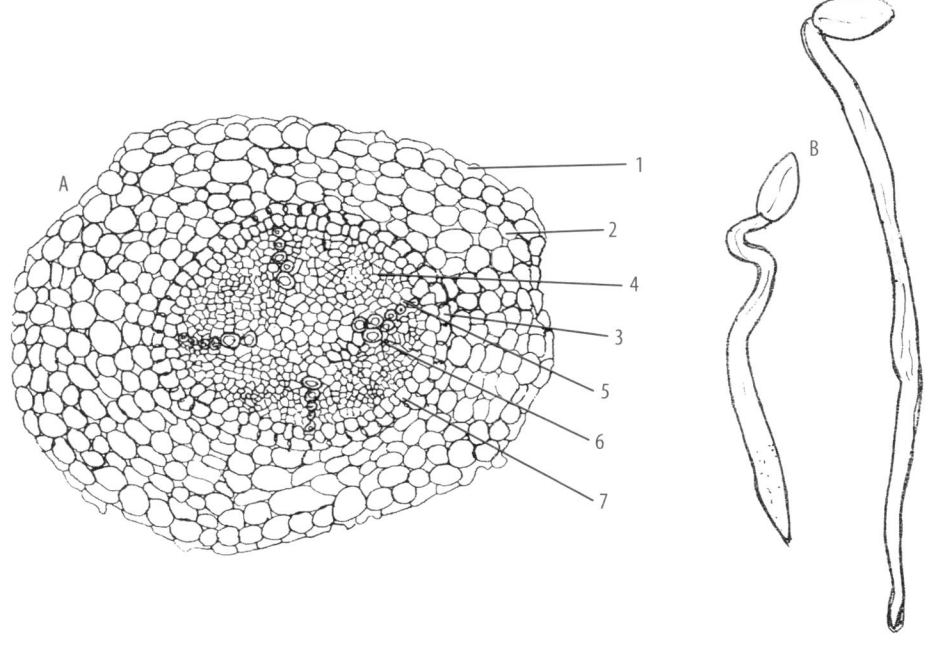

Fig. 8.5. Raiz de *Phaseolus vulgaris* L. **A.** Estrutura actinostélica: 1 – epiderme; 2 – parênquima cortical; 3 – endoderme com estrias de Cáspary; 4 – floema; 5 – protoxilema; 6 – metaxilema; 7 – periciclo. **B.** Brotos de feijão.

Trabalho prático nº 49

Material: Falsa palmeira ou curculigo – raiz
Nome científico: *Curculigo capitata* Kuntz
Família: *Amaryllidaceae*
Objetivo: observação de estrutura actinostélica poliarca (estrutura poliarca).

O curculigo ou falsa palmeira é uma planta rizomatosa que se desenvolve em touceiras e que apresenta folhas muito ornamentais, largas e plissadas, lembrando as primeiras folhas de palmeiras. É frequente em jardins.

Procedimento

1. Proceder como no caso anterior, com cortes transversais e coloração pela hematoxilina de Delafield.
2. Fazer desenhos esquemáticos e detalhados da estrutura actinostélica poliarca.

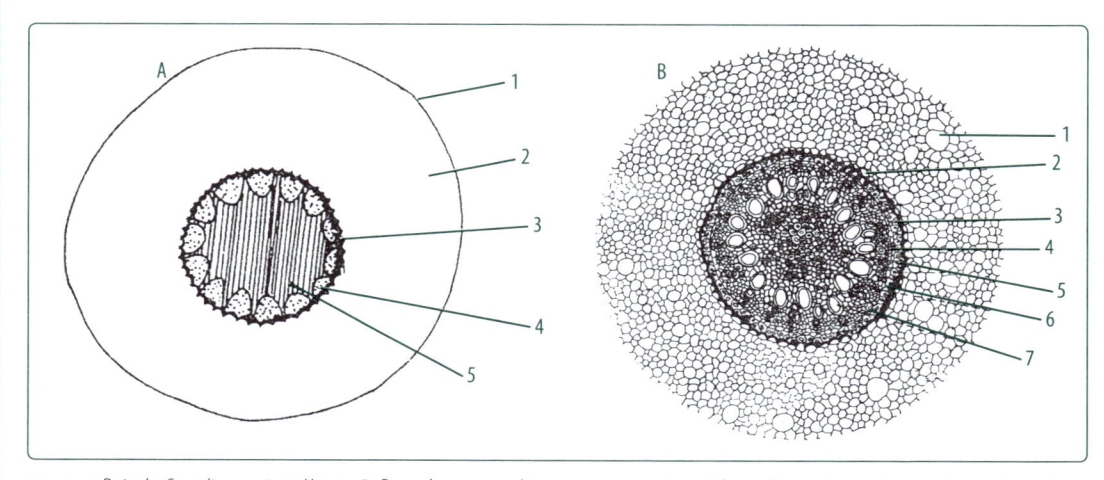

Fig. 8.6. Raiz de *Curculigo capitata* Kuntz. **A.** Desenho esquemático – estrutura actinostélica poliarca: 1 – epiderme; 2 – região cortical; 3 – endoderme; 4 – floema; 5 – xilema. **B.** Secção transversal desprovida de parte mais externa: 1 – parênquima cortical; 2 – endoderme com espessamento em U; 3 – periciclo; 4 – protoxilema; 5 – fibras; 6 – floema; 7 – metaxilema.

Raiz

INTRODUÇÃO

Raiz é a parte do vegetal desprovida de gemas, folhas ou suas modificações. Ela é especializada em funções de fixação, absorção e transporte de água e sais minerais; pode, algumas vezes, funcionar como órgão de reserva.

A raiz pode derivar diretamente da radícula do embrião, recebendo o nome de raiz principal ou axial, e pode ser também proveniente de outras partes do vegetal como caule e folhas, recebendo, neste caso, o nome de raiz adventícia.

As raízes adventícias, geralmente, apresentam-se fasciculadas.

De acordo com o maior acúmulo de reservas, as raízes podem ser classificadas em raízes tuberosas e raízes não tuberosas.

Nas gimnospermas e nas dicotiledôneas, as raízes principais derivam diretamente do desenvolvimento da radícula do embrião, após a germinação da semente. A partir do desenvolvimento da radícula, tem origem a raiz principal, ou raiz normal, da qual derivam as raízes secundárias; destas se originam as raízes terciárias, e assim por diante.

Nas monocotiledôneas, a radícula atrofia-se logo após a germinação da semente. Surgem então raízes adventícias a partir da região caulinar. Nas criptogamas vasculares (pteridófitos) não ocorre formação de semente. O sistema radicular é do tipo adventício.

As raízes podem se desenvolver em meio aquático e em meio aéreo, além do meio terrestre, onde ordinariamente se desenvolvem.

Diversas regiões podem ser divisadas nas raízes. Assim, a partir do ápice podem-se ver: coifa, zona meristemática, zona de alongamento, zona pelífera, zona de meristemas primários, zona de tecidos secundários e zona de transição, entre caule e raiz.

TRABALHO PRÁTICO Nº 50

Material: Oficial-de-sala
Nome científico: *Asclepias curassavica* L
Família: *Asclepiadaceae*
Objetivo: observar o aspecto geral da raiz desta espécie, notando a presença de raiz principal e raízes secundárias.

O oficial-de-sala, também chamada de falsa erva-de-rato, é uma planta herbácea que ocorre em todo o Brasil. Possui látex brancacento irritante da pele e das mucosas e é tida como planta tóxica.

Procedimento

1. Observar e fazer o desenho da raiz principal e das raízes secundárias.

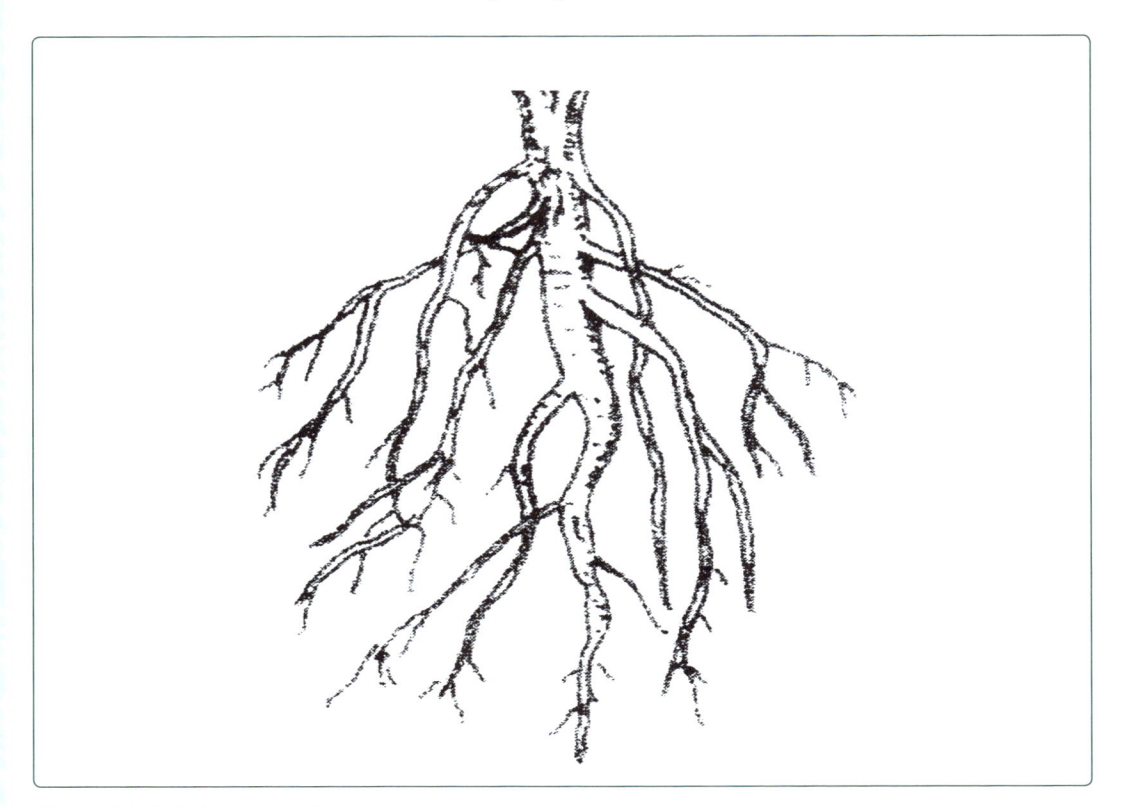

Fig. 9.1. Raiz de *Asclepias curassavica* L.

TRABALHO PRÁTICO Nº 51

Material: Hemerocálice – raiz
Nome científico: *Hemerocallis flava* L
Família: *Liliaceae*
Objetivo: observar o aspecto fasciculado das raízes adventícias desta planta. Observar estrutura primária poliarca.

O hemerocale, também conhecido por lírio-amarelo e lírio-de-São José, é uma planta originária da Europa e da Ásia muito frequente em jardins, onde é cultivada graças a suas características ornamentais. Suas flores amarelas grandes e vistosas dão destaque a seu cultivo.

Procedimento

1. Observar e fazer o desenho das raízes adventícias.
2. Fazer cortes transversais e corá-los pela hematoxilina de Delafield, empregando a técnica usual.
3. Observar e desenhar a estrutura poliarca.

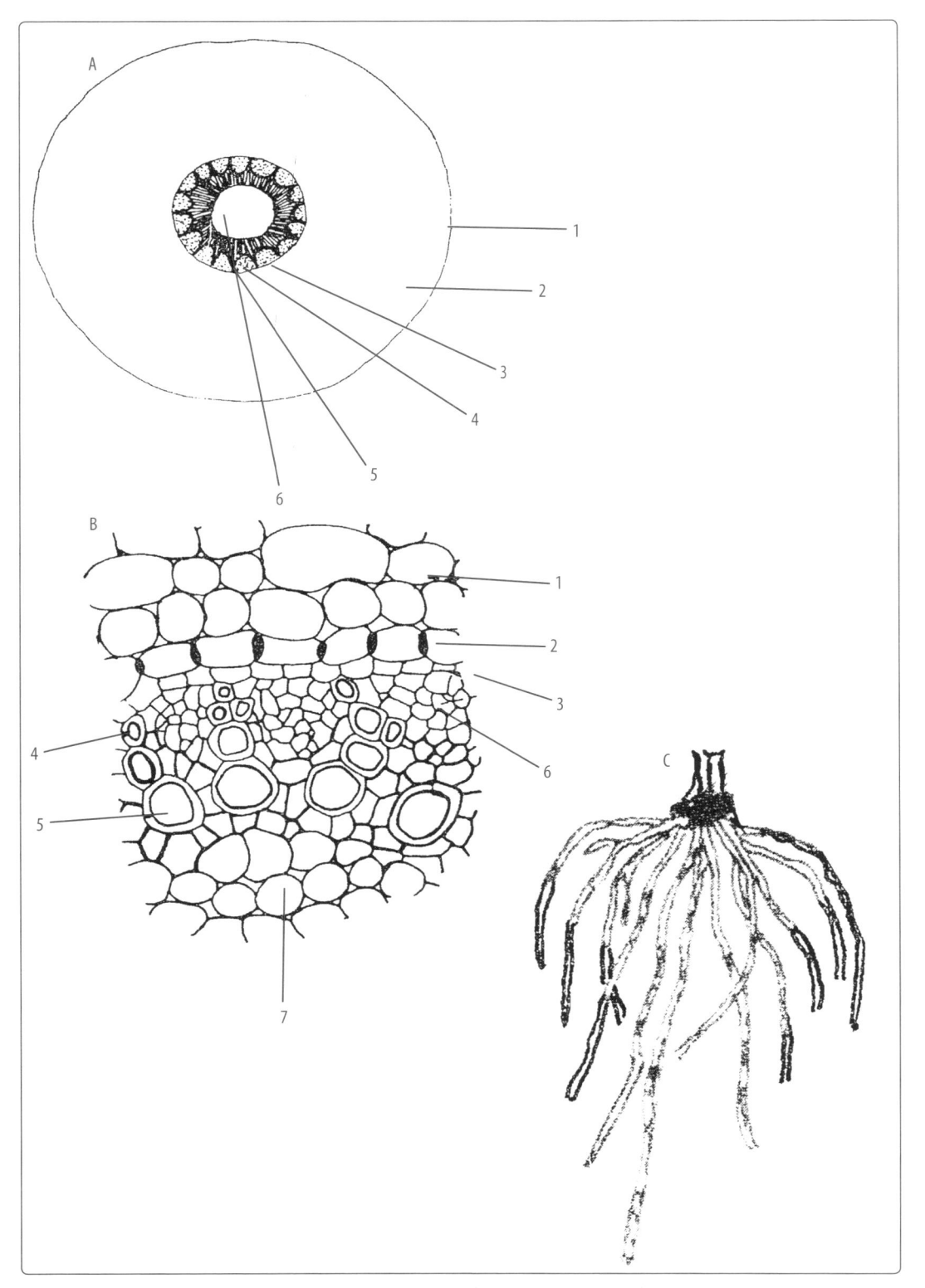

Fig. 9.2. Raiz de *Hemerocallis flava* L – estrutura primária. **A.** Desenho esquemático: 1 – epiderme; 2 – região cortical; 3 – periciclo; 4 – floema; 5 – xilema; 6 – medula. **B.** Detalhe de secção transversal: 1 – parênquima cortical; 2 – endoderme; 3 – periciclo; 4 – protoxilema; 5 – metaxilema; 6 – floema; 7 – parênquima medular. **C.** Raízes adventícias (fasciculada).

TRABALHO PRÁTICO Nº 52

Material: Batata-doce – raiz
Nome científico: *Ipomoea batatas* (L) Lamarck
Família: *Convolvulaceae*
Objetivo: observação de estrutura primária (estrutura tetrarca) e secundária de raiz.

Procedimento

1. Em um copo graduado, colocar uma túbera de batata-doce e deixá-la brotar. Esperar até que as raízes se desenvolvam bastante.
2. Separar pedaço de raiz bem fina e cortá-lo com o auxílio de medula de embaúba; corá-lo pela hematoxilina, de acordo com técnica usual.
3. Observar os cortes ao microscópio e desenhá-los.
4. Separar pedaços de raízes mais desenvolvidas, localizadas junto à túbera. Proceder como no caso anterior, observá-las ao microscópio e desenhá-las.
5. Notar as diferenças existentes na região cortical e na região do cilindro central das duas estruturas observadas: a mais jovem e a mais desenvolvida.

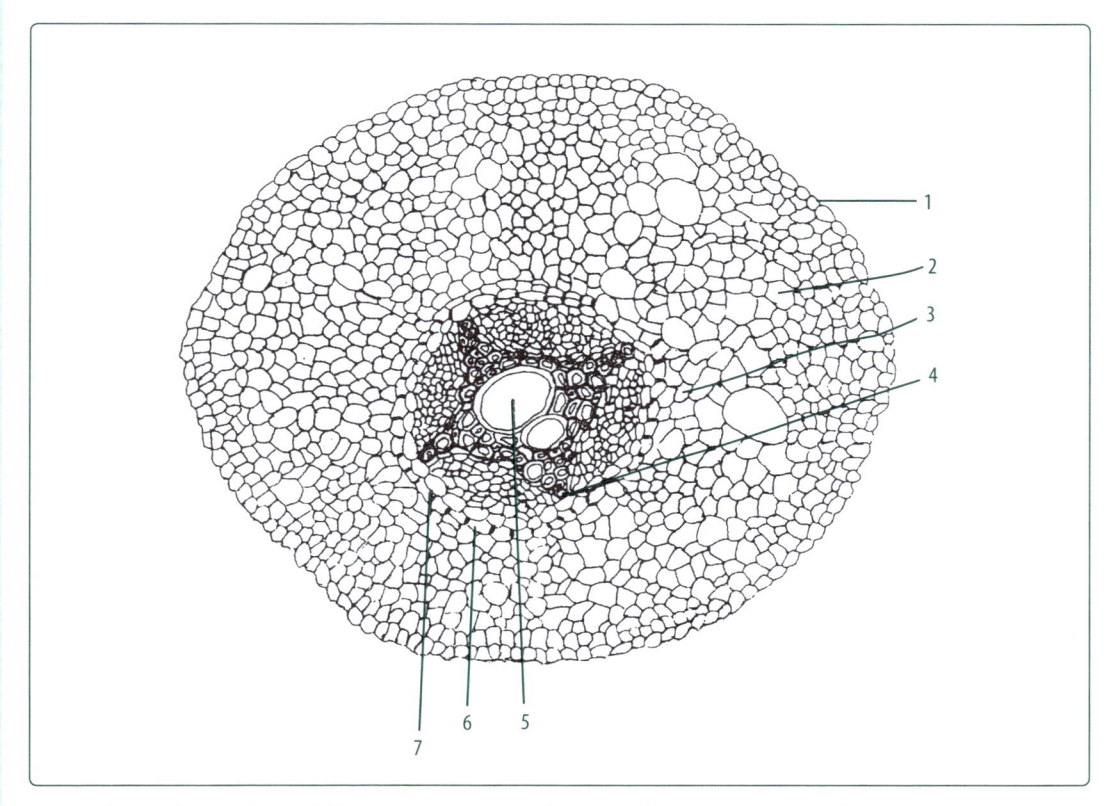

Fig. 9.3. Raiz de *Ipomoea batatas* (L) Lamarck – estrutura primária: 1 – epiderme; 2 – região cortical; 3 – floema; 4 – protoxilema; 5 – metaxilema; 6 – endoderme; 7 – periciclo.

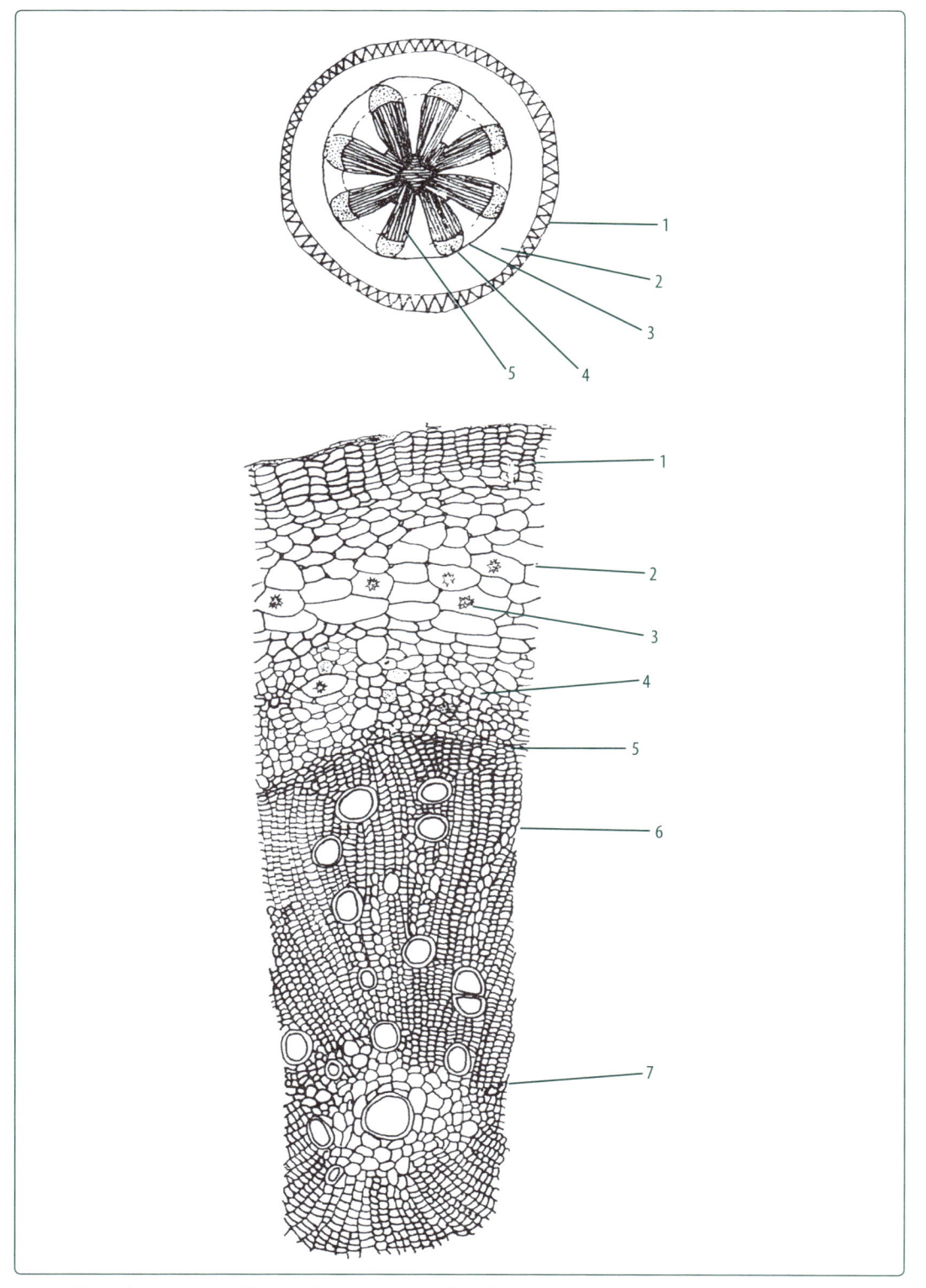

Fig.9.4. Raiz de *Ipomoea batatas* (L) Lamarck – estrutura secundária. **A.** Desenho esquemático: 1 – súber; 2 – região cortical; 3 – periciclo; 4 – floema; 5 – xilema. **B.** Secção transversal: 1 – súber; 2 – parênquima cortical; 3 – drusa; 4 – floema; 5 – região cambial; 6 – xilema secundário; 7 – xilema primário.

TRABALHO PRÁTICO Nº 53

Material: Agrião – raiz
Nome científico: *Nasturtium officinale* R. Br.
Família: *Cruciferae*
Objetivo: observação de estrutura primária de raiz (estrutura triarca ou tetrarca).

O agrião é uma hortaliça aquática, ou melhor, suas raízes se desenvolvem dentro d'água e são finas e brancacentas. O agrião é encontrado à venda em quitandas, supermercados e feiras livres.

Procedimento

1. Retirar raízes brancacentas do agrião e efetuar nelas cortes transversais, visando obter preparações coradas pela hematoxilina de Delafield, segundo técnica usual.
2. Observar as preparações ao microscópio e desenhar a estrutura primária da raiz.

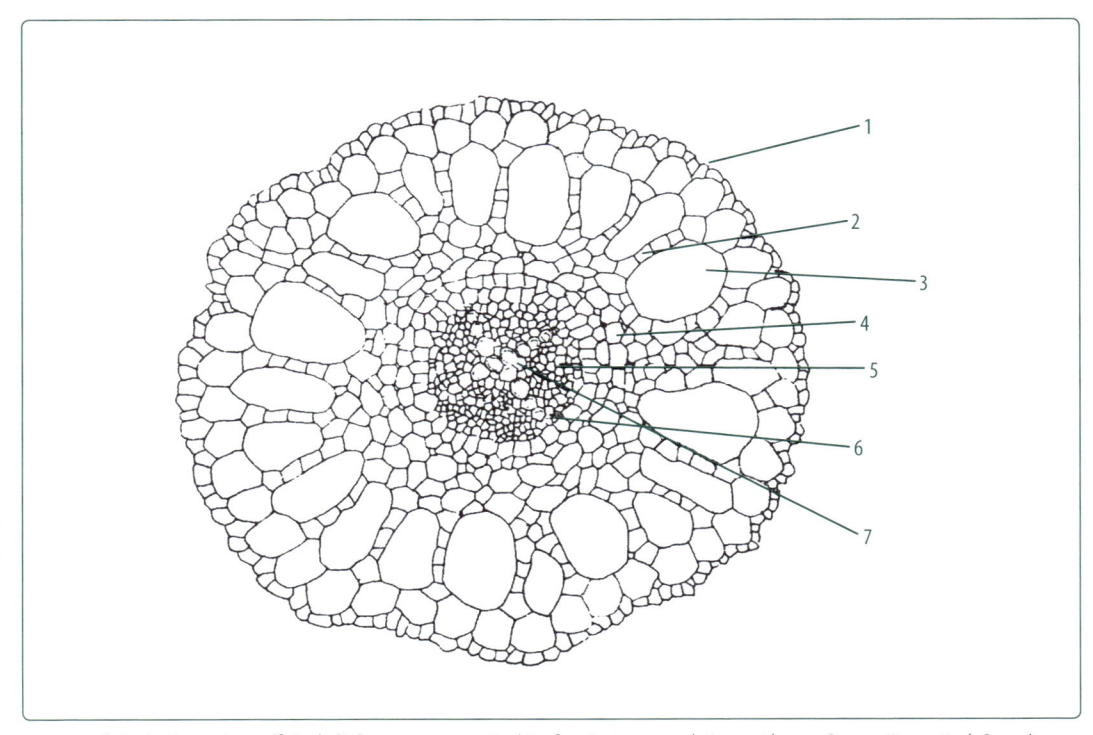

Fig. 9.5. Raiz de *Nasturtium officinale* R. Br. – estrutura primária. Secção transversal: 1 – epiderme; 2 – região cortical; 3 – câmara; 4 – endoderme; 5 – floema; 6 – protoxilema; 7 – metaxilema.

Caule

INTRODUÇÃO

O caule é a parte do vegetal provido de folhas ou de suas modificações, bem como de gemas e que têm, como uma de suas principais funções, a condução da seiva. Os caules servem de suporte para as folhas, as flores, os frutos e as sementes.

Os caules podem, ainda, estar adaptados ao desempenho de outras funções como armazenamento de reservas e fixação do vegetal no substrato.

Os caules podem ser aéreos, terrestres e aquáticos. Entre os caules subterrâneos são importantes, morfologicamente, os rizomas e as túberas.

Os caules aéreos podem ser divididos em três categorias: caules eretos, caules trepadores e caules rastejantes.

Os caules eretos se desenvolvem erguendo-se do solo de forma independente. Já os caules trepadores necessitam de suporte aos quais se enrolam (caules volúveis) ou se fixam através de órgãos de suporte, as gavinhas (caules escandentes).

Os caules rastejantes são de dois tipos: estolhos e sarmentos. Os estolhos são caules que crescem paralelamente à superfície da terra e emitem raízes adventícias e ramos aéreos em nós consecutivos ou esporádicos, fixando-se à terra nesses pontos. Os sarmentos, por sua vez, são caules rastejantes que apresentam apenas um ponto de fixação no solo.

Os caules subterrâneos podem ser de três tipos: rizomas, tubérculos e bulbos. Os rizomas são caules que se assemelham a raízes, diferindo destas pela presença de nós, entrenós, gemas e folhas modificadas; desenvolvem-se, em geral, paralelos à superfície da terra. Os tubérculos geralmente são formados na extremidade de caules subterrâneos; apresentam crescimento limitado e forma arredondada graças ao acúmulo de substâncias de reserva. Os bulbos são caules subterrâneos de natureza complexa; apresentam uma parte caulinar (o prato), folhas modificadas (os catafilos), raízes adventícias e uma gema central apta a se desenvolver em condições favoráveis.

Os caules aquáticos são menos frequentes. São pobres em tecidos de sustentação. A epiderme não é revestida de cutícula e apresentam aerênquima bem desenvolvido.

TRABALHO PRÁTICO Nº 54

Material: Pariparoba – caule
Nome científico: *Pothomorphe umbellata* (L) Miq
Família: *Piperaceae*
Objetivo: observar as características morfológicas do caule, como gema terminal, região de nós e de entrenós.

A pariparoba, também conhecida pelo nome de caapeba, é um vegetal de porte variando entre herbáceo e subabustivo. Suas folhas são grandes, orbiculares, de base cordiforme. É originária do Brasil, onde é muito frequente nos estados da Bahia, Minas Gerais, Santa Catarina e São Paulo.

Consta da Farmacopeia Brasileira e toda a planta é tida como medicinal.

Procedimento

1. Observar o caule da planta.
2. Desenhar.

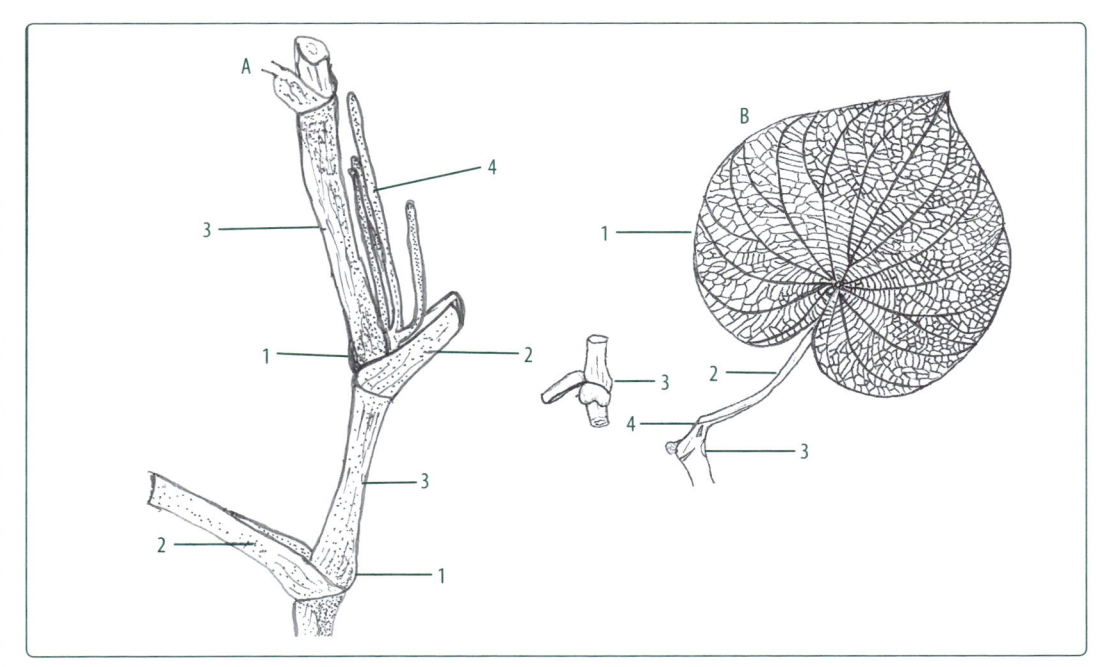

Fig. 10.1. Caule de pariparoba (*Pothomorphe umbellata* (L) Miq. **A.** Fragmento de caule: 1 – nó; 2 – bainha da folha; 3 – região de entrenó; 4 – inflorescência. **B.** Inserção da folha na região do nó: 1 – limbo foliar; 2 – pecíolo; 3 – região do nó; 4 – bainha.

TRABALHO PRÁTICO Nº 55

Material: Goiabeira – caule fino
Nome científico: *Psidium guajava* L
Família: *Myrtaceae*
Objetivo: observar características morfológicas do caule, como região de nós e entrenós, gema terminal e gemas axilares.

A goiabeira é uma pequena árvore, muito conhecida nas Américas, de onde é nativa, e que ocorre principalmente no Brasil. Produz frutos comestíveis, muito apreciado pelo sabor, sendo por isso cultivada na maioria dos pomares. O caule é do tipo tronco, sendo tortuoso e coberto por casca lisa e descamante. Os ramos mais finos possuem folhas simples e de disposição oposta, de contorno obovado de até 12 cm de comprimento, usados como medicinais.

Procedimento

1. Observar o caule da planta.
2. Fazer o desenho, indicando região de nós e gemas.

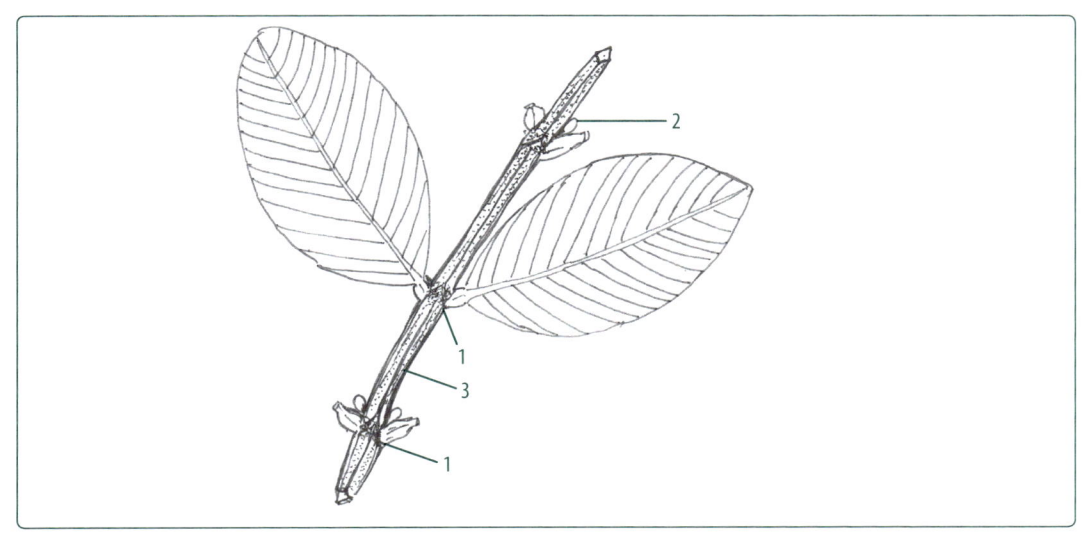

Fig. 10.2. Caule de goiabeira (*Psidium guajava* L): 1 – região do nó; 2 – gema; 3 – região do entrenó.

TRABALHO PRÁTICO Nº 56

Material: Lírio-do-brejo – rizoma
Nome científico: *Hedychium coronariun* Koenig
Família: *Zingiberaceae*
Objetivo: observar características morfológicas, como região de nós e entrenós, presença de folhas modificadas (catafilos), presença de gema terminal.

O lírio-do-brejo é uma planta herbácea, rizomatosa, ereta, oriunda da África e da Ásia. Chegou ao Brasil com os escravos e se disseminou por todo o território nacional. Vegeta em lugares alagados e brejosos. Possui flores grandes, vistosas, muito aromáticas, de cor amarela ou brancacenta. Seus rizomas e suas flores são tidos por medicinais.

Procedimento

1. Observar o caule da planta.
2. Desenhar, notando a presença de nós, entrenós de escamas e de raízes.

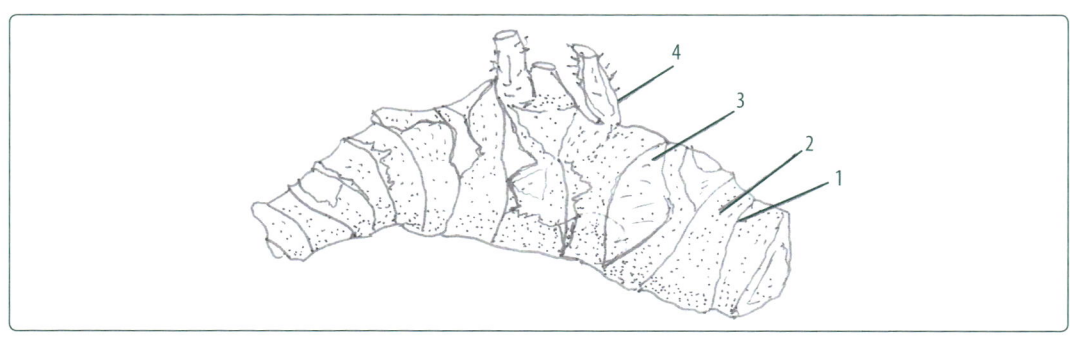

Fig. 10.3. Rizoma de lírio-do-brejo (*Hedychium coronariwn* Koenig): 1 – região de nó; 2 – região de entrenó; 3 – catafilo; 4 – raiz.

Trabalho prático nº 57

Material: Sálvia – caule
Nome científico: *Salvia splendens* Sellow
Família: *Labiatae*
Objetivo: observar estruturas primária e secundária do caule de dicotiledônea.

A sálvia é uma planta herbácea, aromática, ereta, usada como condimento e também de modo medicinal. É frequente nas hortas e nos quintais, podendo ainda ser encontrada em farmácias e supermercados. Possui flores vistosas e vermelhas.

Procedimento
1. Retirar pedaço caulinar junto ao topo do órgão e fazer, nele, cortes transversais.
2. Corar os cortes pela hematoxilina de Delafield, pelo procedimento usual, e montá-los entre lâminas e lamínulas.
3. Retirar pedaço caulinar localizado após o quinto nó caulinar, procedendo como no item 1.
4. Em ambos os casos, observar as estruturas ao microscópio.
5. Desenhar uma faixa do corte que englobe desde a parte mais externa até o centro da estrutura, notando as diferenças existentes entre as estruturas primária e secundária.

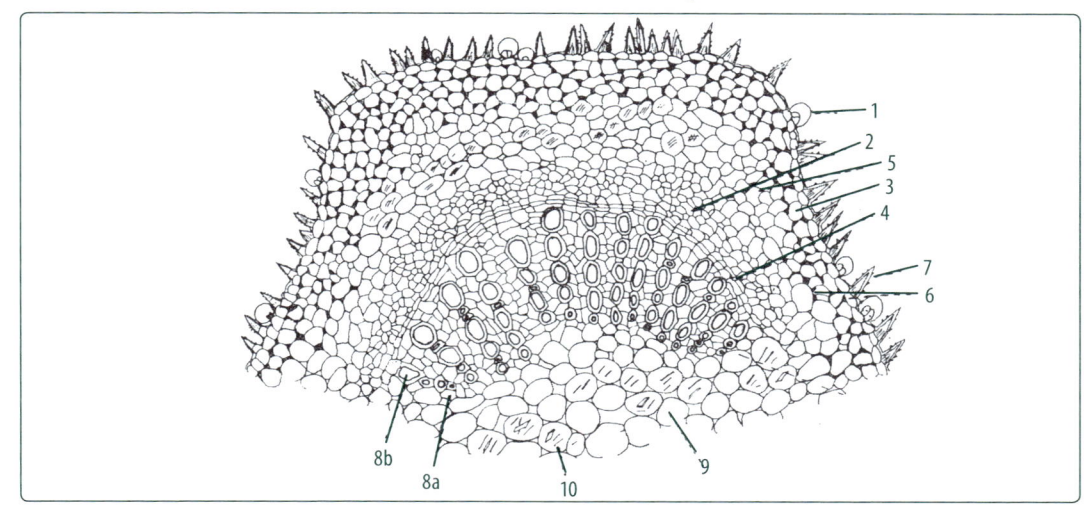

Fig. 10.4. Caule de *Salvia splendens* Sellow – estrutura primária em secção transversal: 1 – pelo glandular; 2 – floema; 3 – colênquima; 4 – câmbio; 5 – parênquima cortical; 6 – epiderme; 7 – pelo tector; 8 – xilema primário; 8a – protoxilema; 8b – metaxilema; 9 – parênquima medular; 10 – cristais.

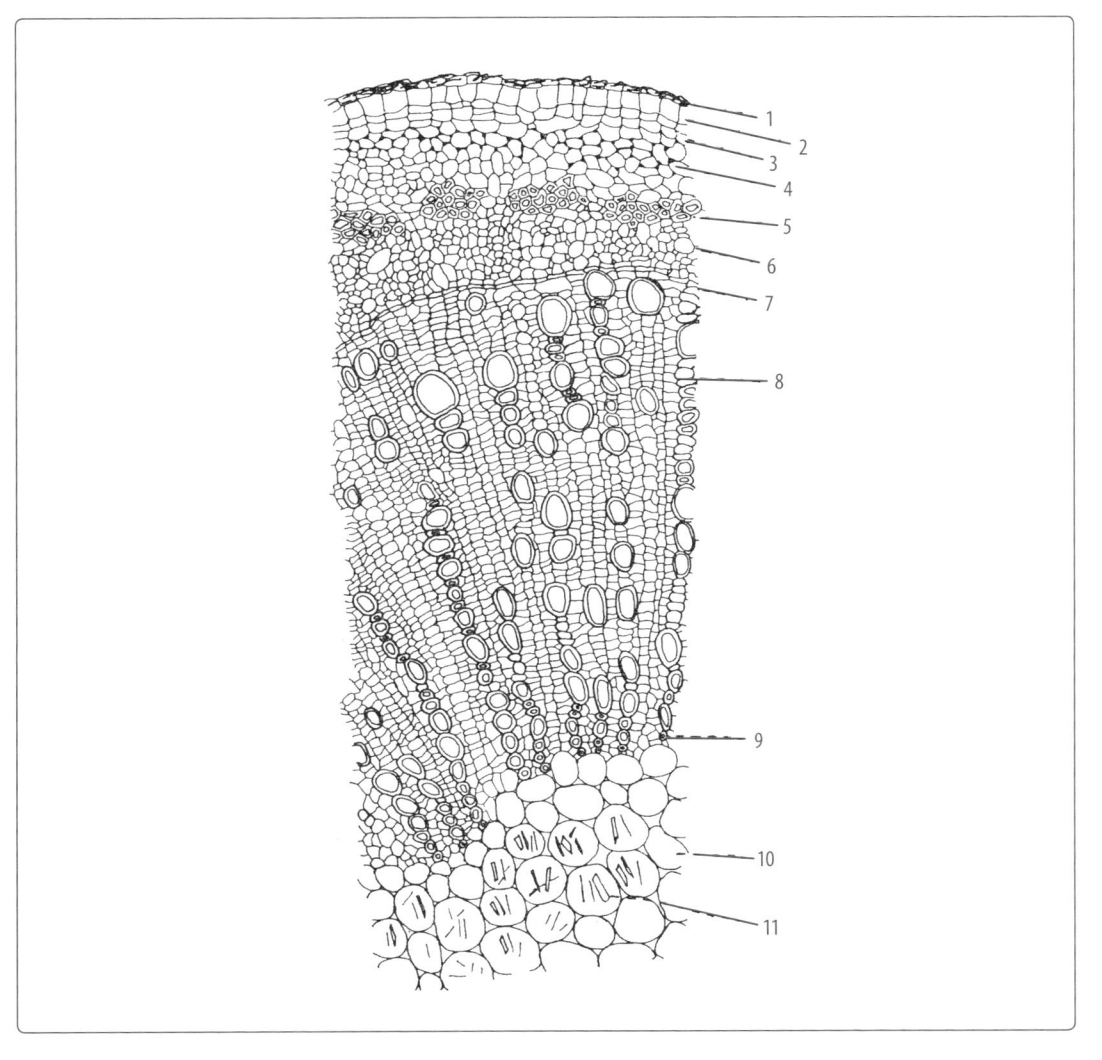

Fig. 10.5. Caule de *Salvia splendens Sellow* – estrutura secundária em secção transversal: 1 – epiderme (em desintegração); 2 – súber (início de formação); 3 – felógeno; 4 – colênquima; 5 – fibras; 6 – floema; 7 – região cambial; 8 – xilema secundário; 9 – xilema primário; 10 – parênquima medular; 11 – cristais.

TRABALHO PRÁTICO Nº 58

Material: Lírio-do-brejo – rizoma
Nome científico: *Hedychium coronarium* Koenig
Família: *Zingiberaceae*
Objetivo: observar estrutura primária do caule de monocotiledônea.

Procedimento

1. Retirar um pedaço cilíndrico do rizoma do lírio-do-brejo.
2. Cortá-lo transversalmente, visando ao preparo de lâminas segundo técnica usual, utilizando o corante hematoxilina.
3. Observar a estrutura primária ao microscópio e desenhá-la, notando a diferença entre este material e o material anterior.

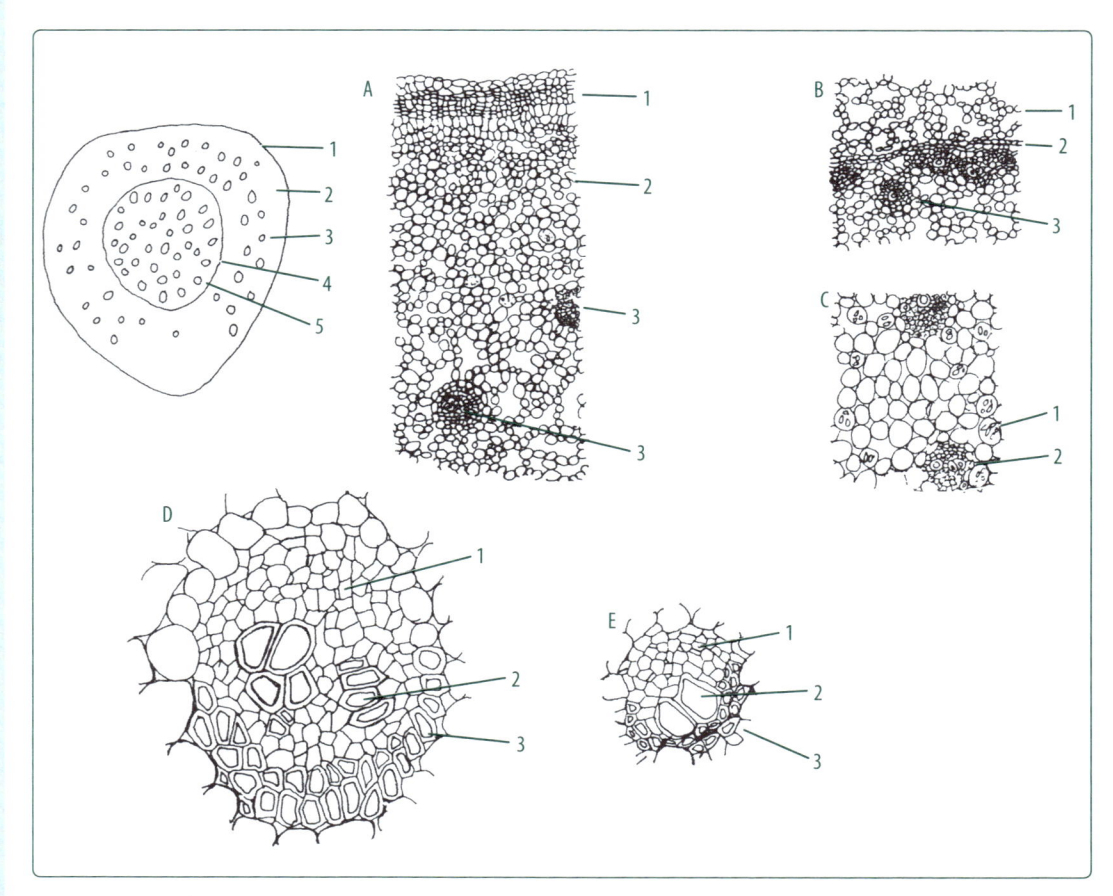

Fig. 10.6. Rizoma de *Hedychium coronarium* Koenig – desenho esquemático: 1 – epiderme; 2 – região cortical; 3 – feixe vascular da região cortical; 4 – periciclo; 5 – feixe vascular do cilindro central. Secção transversal: **A.** 1 – região externa com células de paredes suberificadas; 2 – parênquima cortical externa; 3 – feixe vascular. **B.** 1 – região cortical interna provida de câmaras; 2 – periciclo. 3 – feixe vascular. **C.** 1 – célula contendo amido; 2 – feixe vascular. **D** e **E.** Feixes vasculares: 1 – floema; 2 – xilema; 3 – fibras.

Folha

INTRODUÇÃO

Folha pode ser conceituada como expansão lateral do caule que apresenta crescimento limitado e, frequentemente, simetria bilateral. A maior parte das folhas desempenha função de fotossíntese.

Uma folha completa apresenta três partes: limbo, pecíolo e bainha.

Existem diversos critérios para a caracterização de folhas, entre os quais, a forma merece destaque especial. Na análise da forma da folha, considera-se o contorno, o ápice, a base, a margem, os recortes e o sistema de nervação.

É, também, muito importante a caracterização microscópica da folha. A folha, sob o ponto de vista da microscopia, pode ser classificada de acordo com o tipo de mesofilo. Chama-se de mesofilo aos tecidos localizados entre a epiderme superior e a epiderme inferior da folha. Assim, temos mesofilo heterogêneo e mesofilo homogêneo. Os mesofilos heterogêneos podem ser simétricos ou assimétricos.

LÂMINA FOLIAR OU LIMBRO

Contorno

O contorno foliar deve ser considerado sem se levar em conta os acidentes da margem do limbo. Ele é considerado uma linha imaginária que liga os pontos extremos da lâmina foliar.

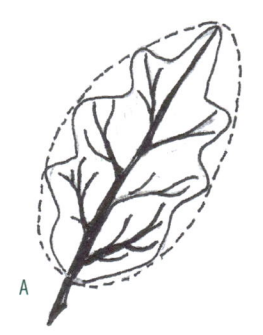 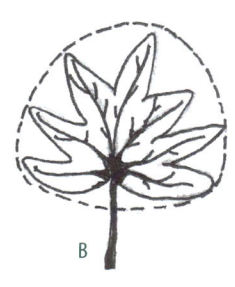

Fig. 11.1. Contorno foliar: **A.** Contorno foliar elíptico. **B.** Contorno foliar orbicular.

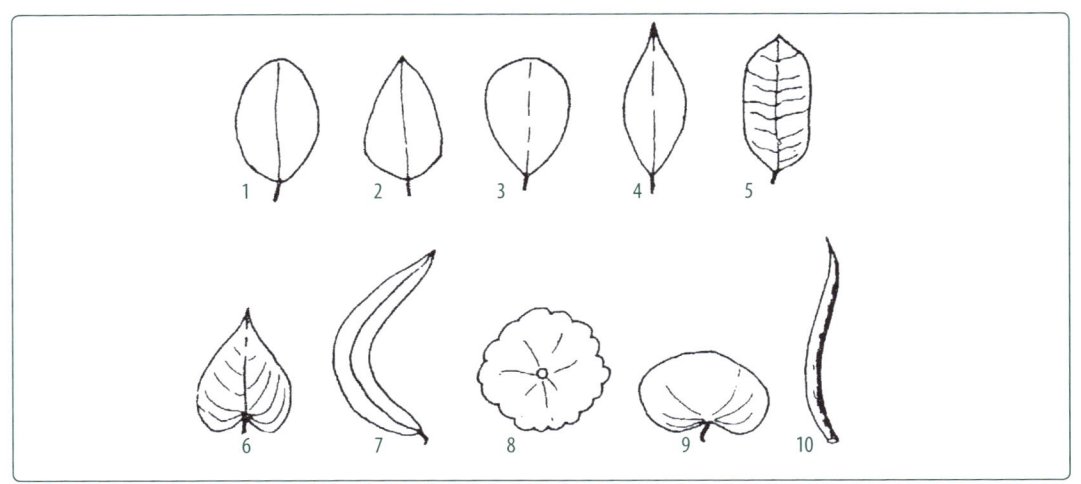

Fig. 11.2. Tipos de folhas quanto ao contorno: 1 – elíptica; 2 – ovoide; 3 – obovoide; 4 – lanceolada; 5 – oblonga; 6 – cordiforme; 7 – falcada; 8 – orbicular; 9 – riniforme; 10 – subulada.

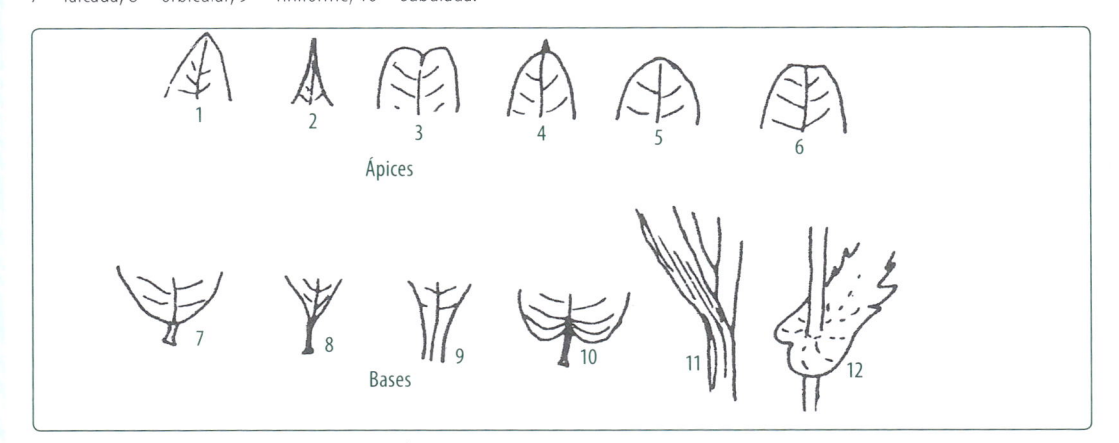

Fig. 11.3. Tipos de ápices e de bases foliares: Ápices: 1 – agudo; 2 – acuminado; 3 – emarginado; 4 – mucronado; 5 – obtuso; 6 – truncado. Bases: 7 – arredondada; 8 – cuneada; 9 – atenuada; 10 – reentrante; 11 – decurrente; 12 – amplexicaule.

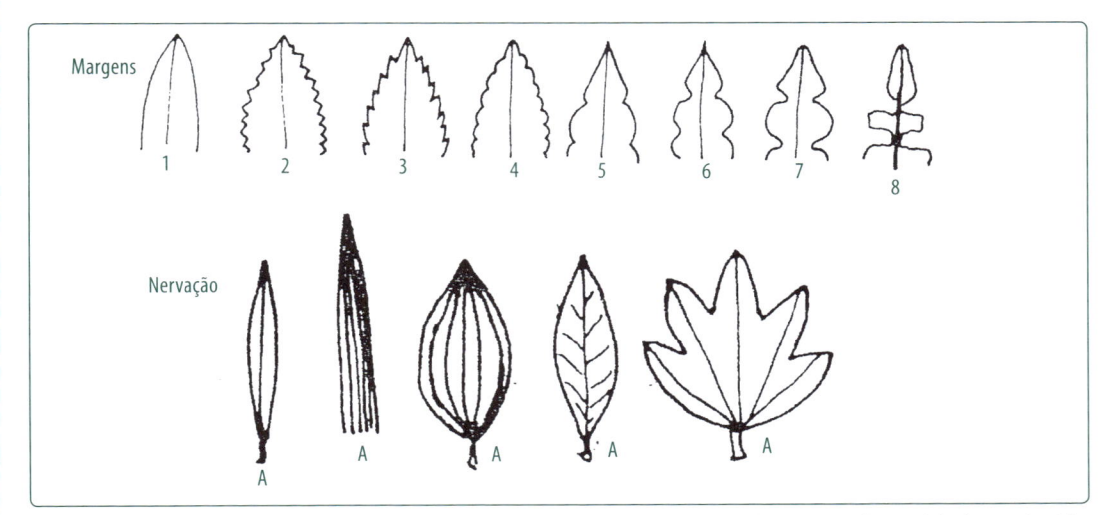

Fig. 11.4. Tipos de margem e de nervação. Margens: 1 – lisa: 2 – denteada; 3 – serrilhada; 4 – crenada; 5 – lobada; 6 – fendida; 7 – partida; 8 – dissecada. Nervações: 9 – uninérvea; 10 – paralelinérvea; 11 – curvinérvea; 12 – peninérvea; 13 – palmatinérvea.

As folhas podem ser simples ou compostas, conforme apresentem o limbo íntegro ou dividido. Este último tipo de folha, isto é, que apresenta limbo dividido, pode ser classificado quanto a sua composição, ou seja, o arranjo dos folíolos no pecíolo. Os tipos de folhas mais comuns são: folha pinada (imparipinada ou paripinada), folha trifoliada e folha digitada.

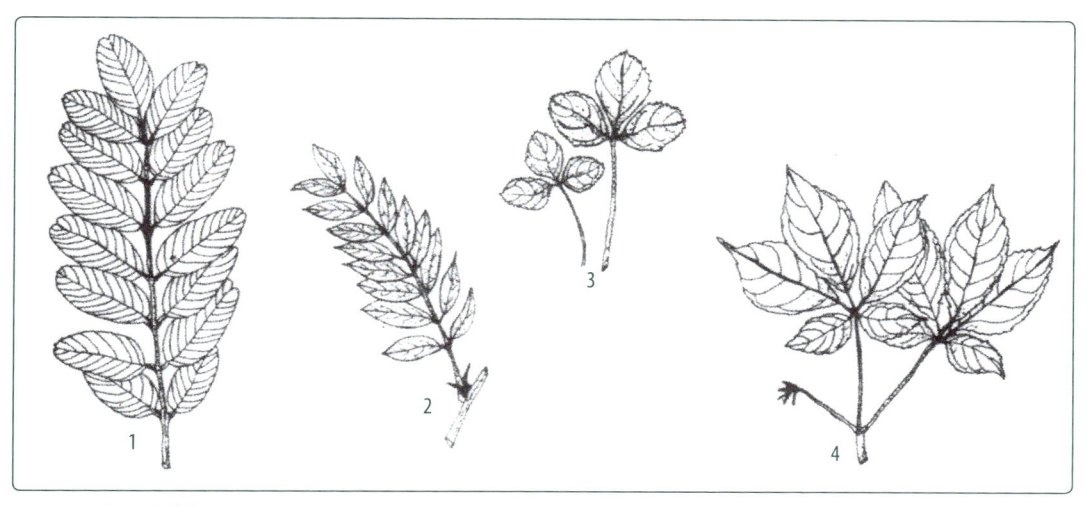

Fig. 11.5. Tipos de folhas compostas: 1 – imparipinada; 2 – paripinada; 3 – trifoliada; 4 – digitada.

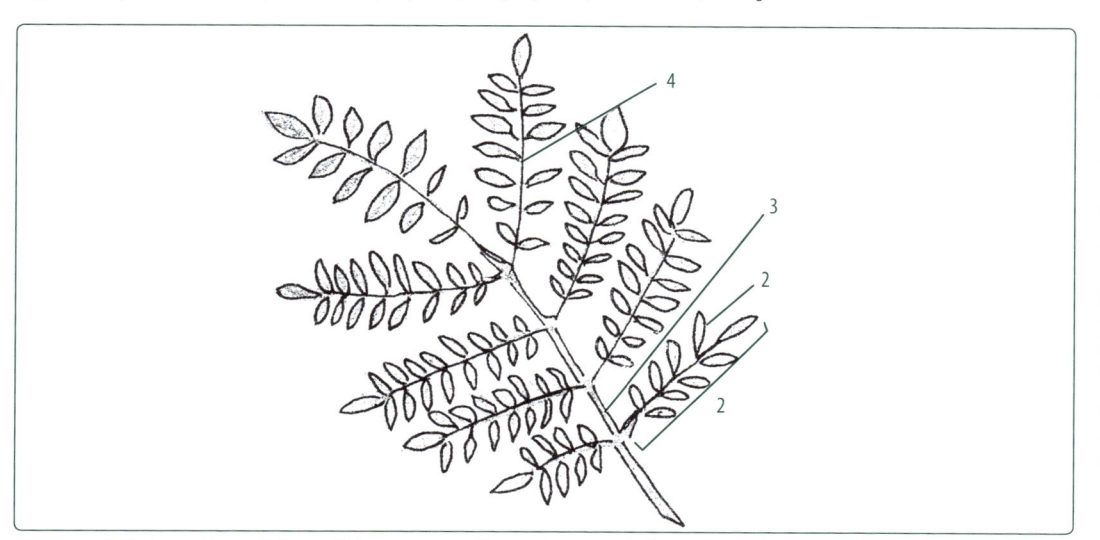

Fig. 11.6. Folha imparibipinada da carobinha-do-campo (*Jacaranda caroba* (Vell) A. DC): 1 – folíolo; 2 – foliólulo; 3 – ráquis da folha; 4 – ráquis do folíolo.

TRABALHO PRÁTICO Nº 59

Material: Pariparoba – folha
Nome científico: *Pothomorphe umbellata* (L) Miq
Família: *Piperaceae*
Objetivo: observar as partes constituintes da folha: limbo, pecíolo e bainha.

Procedimento

1. Observar e classificar a folha.
2. Fazer desenho representativo da folha, indicar o nome das partes apontadas na Fig. 11.7.

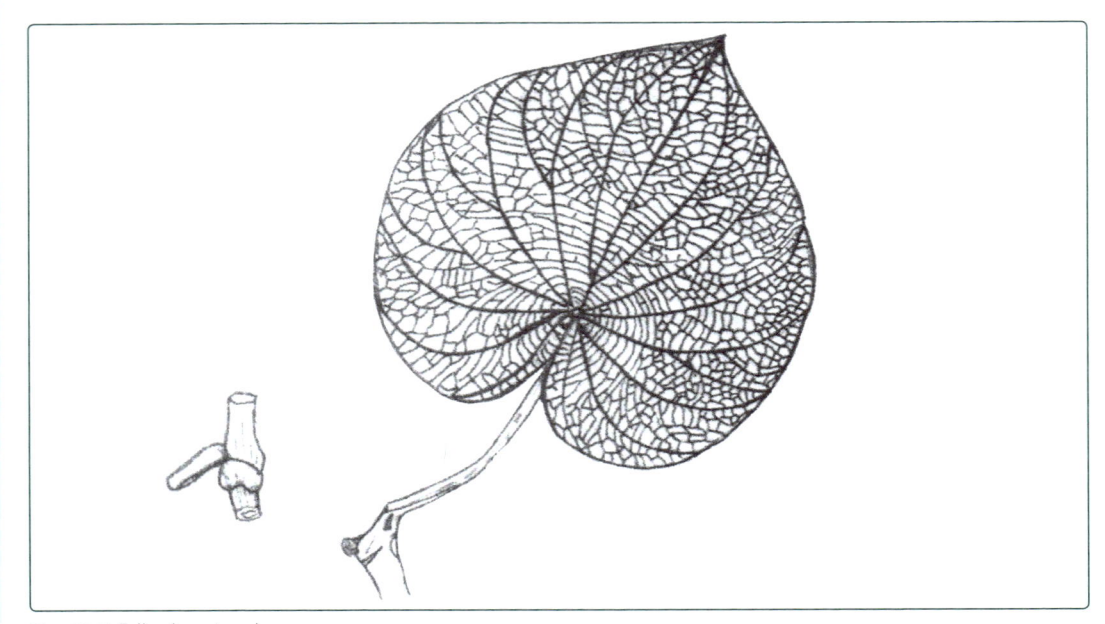

Fig. 11.7. Folha de pariparoba.

TRABALHO PRÁTICO Nº 60

Material: Graxa-de-estudante – folha
Nome científico: *Hibiscus rosa-sinensis* L
Família: *Malvaceae*
Objetivo: observar partes constituintes da folha: limbo, pecíolo, estípulas, ápice foliar, base foliar, margem e nervação.

O hibisco é uma arvoreta oriunda da Ásia tropical frequente nos jardins e parques de todo o Brasil. Possui flores grandes, vistosas e coloridas, ora vermelhas ou cor-de-rosa, ora amarelas ou bracacentas, que encantam por sua beleza. É conhecida também pelos nomes de mimo-de-vênus e graxa-de-estudantes.

Procedimento
1. Proceder como no caso anterior.

TRABALHO PRÁTICO Nº 61

Material: Lírio-do-brejo – folha
Nome científico: *Hedychium coronarium* Koenig
Família: *Zingiberaceae*
Objetivo: observar partes constituintes da folha: limbo, bainha , lígula, nervação, forma da folha.

Observação
Vide trabalho prático nº 56.

Procedimento
1. Proceder como no caso anterior.

TRABALHO PRÁTICO Nº 62

Material: Serralha vermelha – folha
Nome científico: *Emilia sonchifolia* DC
Família: *Compositae*
Objetivo: observar as partes constituintes da folha: folha séssil.

A *Emilia*, também conhecida por serralha, falsa-serralha e serralha-rosa, é uma planta anual herbácea, presente em todo o Brasil, onde cresce como ruderal, estando presentes em terrenos baldios. É uma planta daninha que infesta culturas, hortas e jardins.

Procedimento

1. Proceder como no caso anterior.

TRABALHO PRÁTICO Nº 63

Material: Tipuana – folha
Nome científico: *Tipuana tipu* (Bentham) O. Kuntze
Família: *Leguminosae*
Objetivo: observar as partes constituintes da folha: folha composta, folíolos, raque, pulvínulo, forma dos folíolos.

A tipuana é uma árvore oriunda da América do Sul, especialmente Bolívia e Argentina. É frequente na arborização de ruas no Brasil, graças a suas características ornamentais, pela presença de flores amarelas e pelo sombreamento agradável que produz.

Procedimento

1. Proceder como no caso anterior.

TRABALHO PRÁTICO Nº 64

Materiais: Ardisia, espirradeira, graxa-de-estudante, hera e jurubeba – folhas.
Nomes científicos: *Ardisia crenulata* Lodd, *Nerium oleander* L, *Hibiscus rosa-sinensis* L, *Hedera helix* L, *Solanum paniculatum* L, respectivamente.
Famílias: *Myrsinaceae, Apocynaceae, Malvaceae, Hederaceae* e *Solanaceae*
Objetivo: classificar as folhas quanto a contorno, recortes do limbo, ápice, base, margem e sistema de nervação.

As espécies mencionadas são facilmente encontradas em jardins, o que facilita a execução do trabalho. A jurubeba é uma planta ruderal muito frequente em campos e terrenos baldios.

Procedimento

1. Observar as folhas das plantas indicadas.
2. Fazer os desenhos indicativos das formas constatadas (forma ou contorno, ápice, base, margem, nervação).

TRABALHO PRÁTICO Nº 65

Material: Capim-limão-folha
Nome científico: *Cymbopogon citratus* (Hort) Stapf

Família: *Gramineae*

Objetivo: observar estrutura de monocotiledônea.

Procedimento

1. Retirar um pedaço de 0,5 (meio centímetro) de altura por 1 cm de largura junto ao terço médio inferior da folha.
2. Incluir em medula de embaúba, cortá-la e preparar os cortes de acordo com a técnica usual, corando pela hematoxilina de Delafield.
3. Observar os cortes ao microscópio e desenhá-los, indicando cada uma das regiões do desenho.

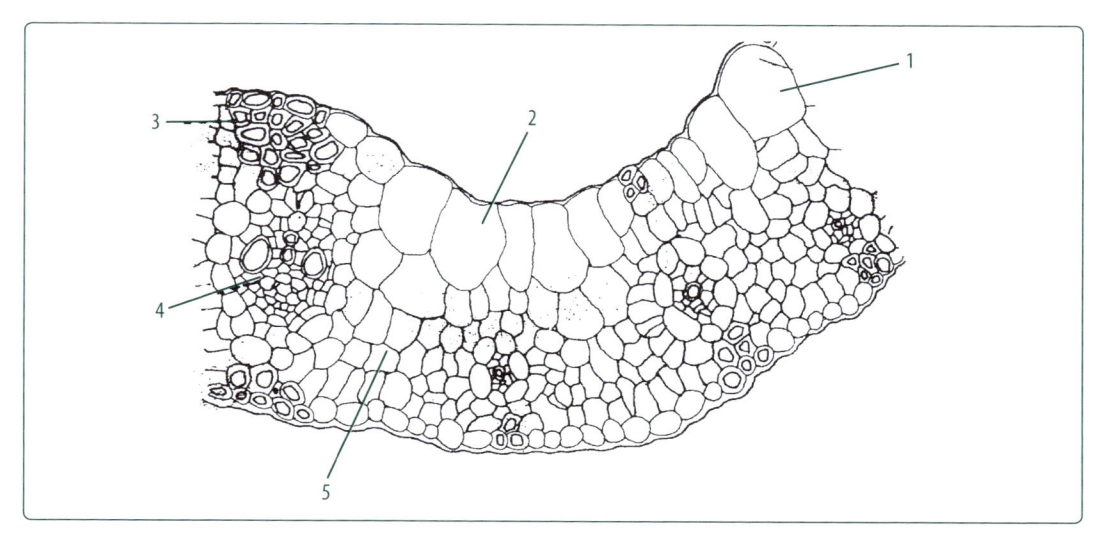

Fig. 11.8. Folha de *Cymbopogon citratus* (Hort) Stapf – secção transversal: 1 – epiderme; 2 – células buliformes; 3 – fibras; 4 – feixe vascular; 5 – parênquima clorofiliano.

TRABALHO PRÁTICO Nº 66

Material: Pata-de-vaca-folha
Nome científico: *Bauhinia forficata* Link
Família: *Leguminosae*
Objetivo: observar estrutura de dicotiledônea; mesofilo homogêneo.

Não confundir *Bauhinia forficata* Link com as outras patas-de-vaca dos jardins. A espécie referida é muito frequente na Mata Atlântica, podendo suas folhas ser adquiridas em farmácias e ervanários.

Procedimento

Proceder como no caso anterior.

Observar a estrutura e desenhá-la, fazendo a indicação de cada uma das estruturaras presentes.

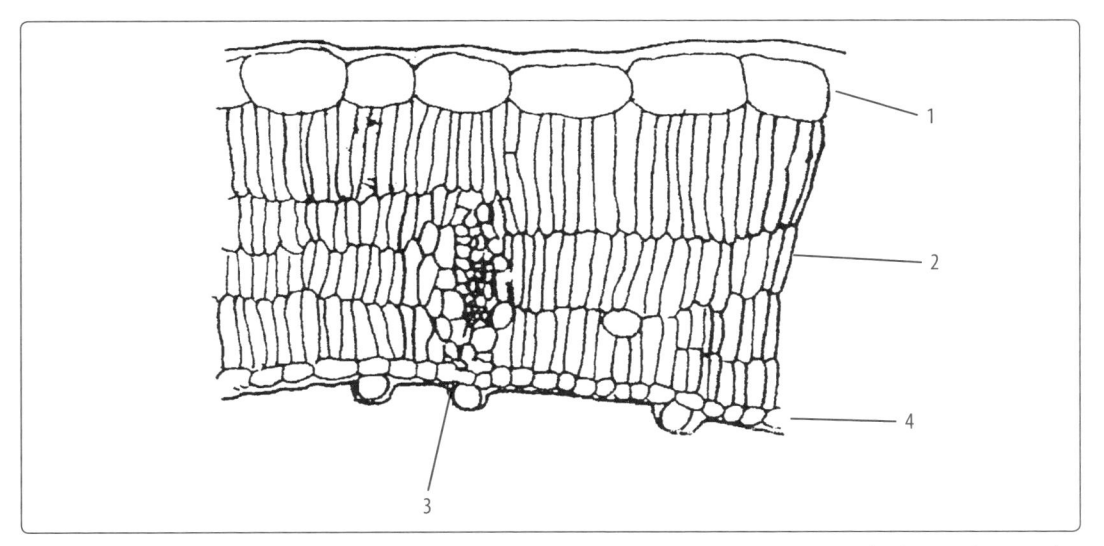

Fig. 11.9. Folha de *Bauhinia forficata* Link – secção transversal: 1 – epiderme superior; 2 – parênquima paliçádico; 3 – feixe vascular; 4 – epiderme inferior.

TRABALHO PRÁTICO Nº **67**

Material: Eucalipto – folha
Nome científico: *Eucalyptus globulus* Labill
Família: *Myrtaceae*
Objetivo: observar estrutura de dicotiledônea – mesofilo heterogêneo simétrico (isofacial).

O *Eucalyptus globulus* Labill é uma árvore caracterizada por possuir folhas falsiformes bastante aromáticas.

Procedimento
1. Proceder como no caso anterior.
2. Observar a estrutura e desenhá-la.

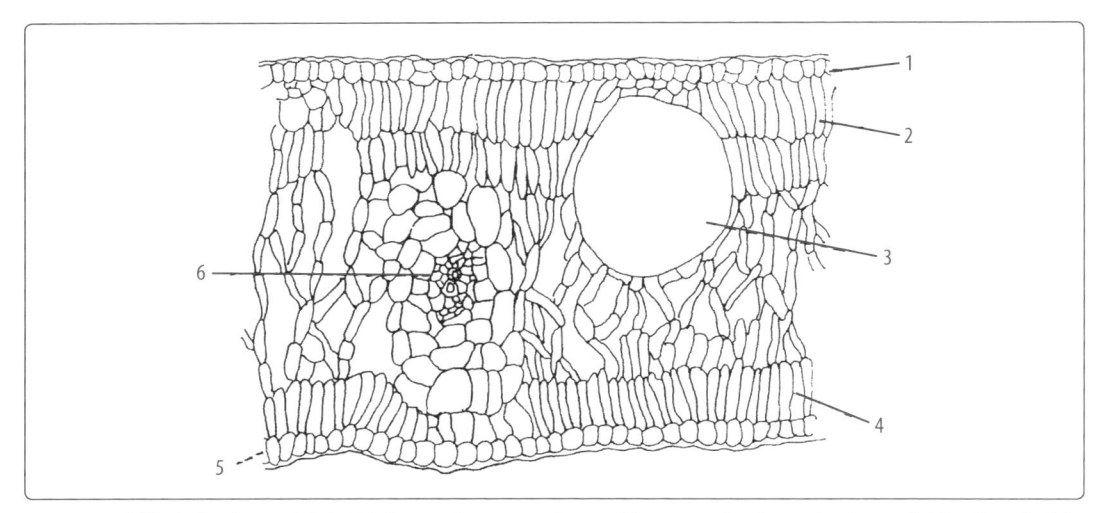

Fig. 11.10. Folha de *Eucalyptus globulus* Labill – secção transversal: 1 – epiderme superior; 2 – parênquima paliçádico; 3 – glândula; 4 – parênquima paliçádico; 5 – epiderme inferior; 6 – feixe vascular.

TRABALHO PRÁTICO Nº 68

Material: Graxa-de-estudante
Nome científico: *Hibiscus rosa-sinensis* L
Família: *Malvaceae*
Objetivo: observar estrutura de dicotiledônea – mesofilo heterogêneo e assimétrico (bifacial).

Procedimento

1. Proceder como no caso anterior.
2. Observar a estrutura e desenhá-la.

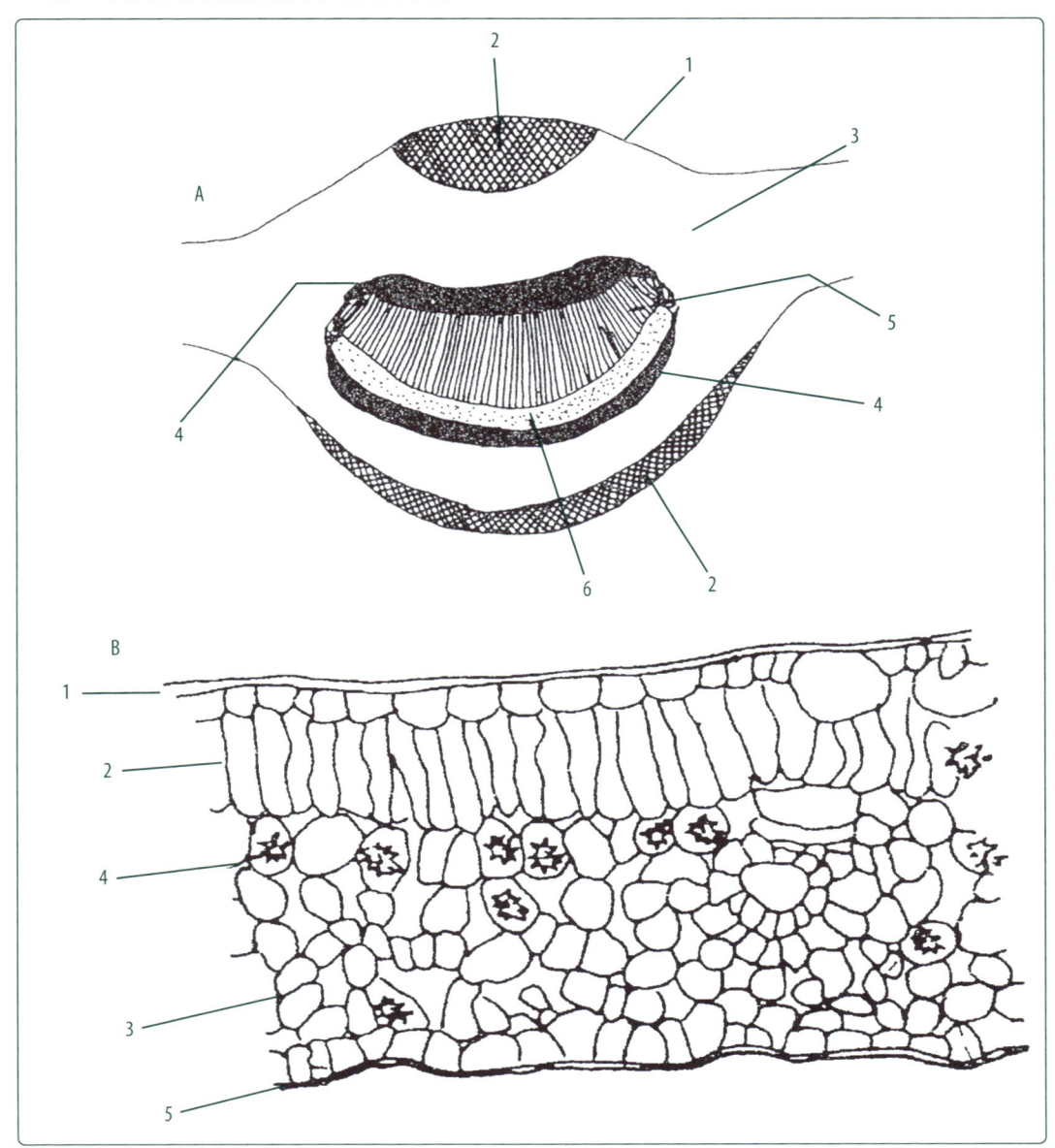

Fig. 11.11. Folha de *Hibiscus rosa-sinensis* L – secção transversal. **A.** Desenho esquemático da nervura mediana: 1 – epiderme; 2 – colênquima; 3 – parênquima fundamental; 4 – fibras; 5 – xilema; 6 – floema. **B.** Detalhe da região do limbo: 1 – epiderme superior; 2 – parênquima paliçádico; 3 – parênquima lacunoso; 4 – drusa; 5 – epiderme inferior.

Flor

INTRODUÇÃO

Flor é o aparelho reprodutivo das fanerógamas. É constituído por um conjunto de folhas profundamente modificadas, inseridas em porção dilatada de natureza caulinar – o receptáculo –, o qual se continua no pedúnculo floral.

As flores são constituídas por:

- verticilos florais:
  - protetores:
    - cálice;
    - corola;
  - reprodutivos:
    - androceu;
    - gineceu;
- receptáculo floral;
- pedúnculo floral.

O cálice é formado por folhas modificadas, denominadas sépalas, o mesmo acontecendo com a corola, cujas peças denominam-se de pétalas. Tanto as sépalas como as pétalas podem se apresentar soldadas ou livres na constituição das flores. Quando elas são soldadas, no caso do cálice, este é denominado gamossépalo; no caso da corola, esta é chamada de gamopétala. Quando as peças são livres no cálice e na corola, temos cálice dialissépalo e corola dialipétala.

O androceu é formado por estames, os quais apresentam uma parte globosa produtora de grão de pólen denominado antera, e outra filamentosa, o filete, o qual se prende à antera através do conectivo.

O gineceu é formado por carpelos. É constituído de uma região dilatada no interior da qual aparecem os óvulos e que recebe o nome de ovário. Existe ainda uma região filamentosa, denominada estilete, onde a posição terminal, chamada de estigma, é especializada na captura de grãos de pólen. O ovário pode ter um ou mais carpelos, assim como pode originar uma ou mais lojas no interior das quais se localizam os óvulos.

DIAGRAMA E FÓRMULA FLORAL

O diagrama floral corresponde a uma representação esquemática da estrutura da flor. Para se obter essa representação, faz-se a projeção das diversas partes da flor sobre um plano perpendicular ao eixo dela.

As peças dos verticilos florais são representadas por símbolos convencionais. Assim, cálice e corola são representados por arcos. O arco referente às sépalas difere do correspondente ao das pétalas por ser provido de pequena saliência representando nervura mediana, geralmente mais evidente nesse órgão. Os estames são representados por uma figura que se refere ao corte transversal da antera, e o gineceu pelo corte transversal do ovário.

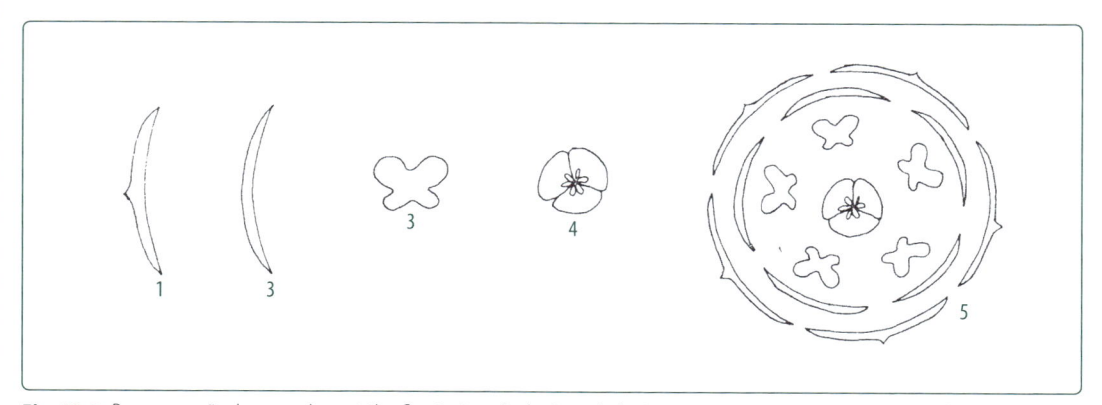

Fig. 12.1. Representação de peças de verticilos florais: 1 – sépala; 2 – pétala; 3 – estame; 4 – ovário; 5 – diagrama floral.

Havendo concrescência entre peças de um mesmo verticilo ou de verticilos diferentes, efetua-se sua ligação por meio de linha.

O ramo no qual a flor se insere costuma ser representado por um círculo colocado externamente ao verticilo, dando assim orientação da flor em relação a essa parte da planta.

A fórmula floral é um conjunto de símbolos que indicam a organização da flor. Detalhes como simetria, tipos de peças florais, concrescências, posição das peças. Assim, as seguintes representações são empregadas: K = cálice, C = corola, A = androceu, G = gineceu e T = tépalas.

A concrescência entre peças de um mesmo verticilo costuma ser representada pelo número indicativo das peças colocadas entre parênteses. Quando ocorre concrescência entre peças de verticilos diferentes, indica-se esse fenômeno por colchetes. A posição relativa do ovário no que se refere à inserção das peças dos verticilos protetores (ovário súpero, médio e ínfero) é indicada pela colocação de um traço colocado acima, ao lado, ou abaixo do número indicativo dos carpelos. O traço colocado embaixo do número significa ovário súpero; quando colocado acima, ovário ínfero; quando colocado ao lado, ovário médio.

Exemplifiquemos; a flor de jurubeba pode ser assim representada: $K_{(5)}$ $[C_{(5)}\ A_5]$ $G_{(2)}$. Isto significa que apresenta 5 sépalas soldadas, 5 pétalas soldadas, 5 estames livres e 2 carpelos soldados em gineceu de posição superior. Os parênteses indicam soldadura das peças. O colchete indica que os estames encontram-se soldados às pétalas (estames epipétalos) e o traço colocado sob o número indica a posição súpera do gineceu. O diagrama floral encontra-se representado na Fig. 12.2.

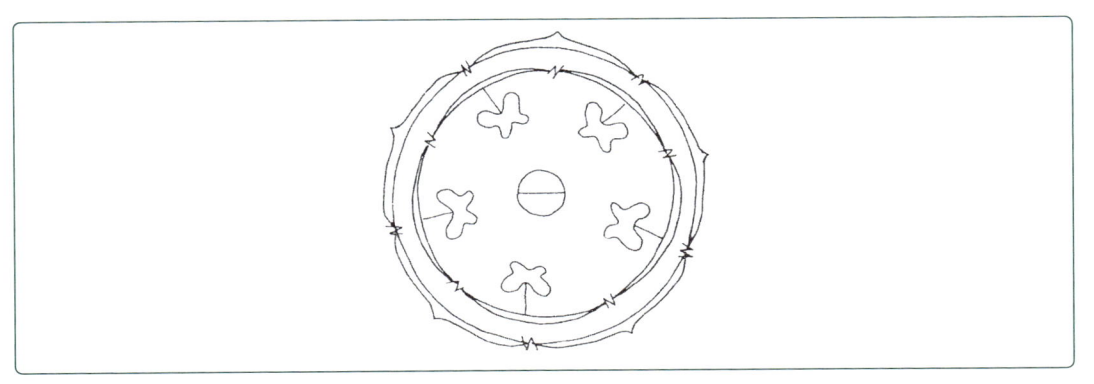

Fig. 12.2. Diagrama floral da flor de jurubeba.

TRABALHO PRÁTICO Nº 69

Material: Hemerocale – flor
Nome científico: *Hemerocallis flava* L
Família: *Liliaceae*
Objetivo: observar as peças integrantes da flor. Cálice e corola, neste caso, apresentam peças semelhantes, difíceis de serem diferenciadas quando apartadas do resto da flor. Designa-se a essas partes tépalas, e não de sépalas ou pétalas.

Procedimento

1. Contar o número de peças.
2. No androceu, observar a forma dos estames e o número.
3. No gineceu, observar o ovário, o estilete e o estigma.
4. Cortar o ovário transversalmente e observar na lupa o número de lojas e de carpelos.
5. Fazer desenho de cada uma das peças observadas.
6. Fazer diagrama floral e fórmula floral.

TRABALHO PRÁTICO Nº 70

Material: Trombeteira – flor
Nome científico: *Datura suaveolens* Humboldt et Bonplandt ex Willdenow
Família: *Solanaceae*
Objetivo: observar as peças integrantes da flor e a estrutura do ovário.

Observação de estrutura de ovário

Procedimento

Tomar o ovário de trombeteira e incluí-lo na medula de embaúba, visando à obtenção de cortes transversais.

Descorar os cortes pelo hipoclorito, lavando-os bem; a seguir, corar pela hematoxilina de Delafield.

Montar os cortes entre lâmina e lamínula, observá-los ao microscópio e desenhá-los.

Fazer desenho esquemático da estrutura e, em seguida, o desenho de detalhe, indo desde a epiderme externa até a epiderme interna.

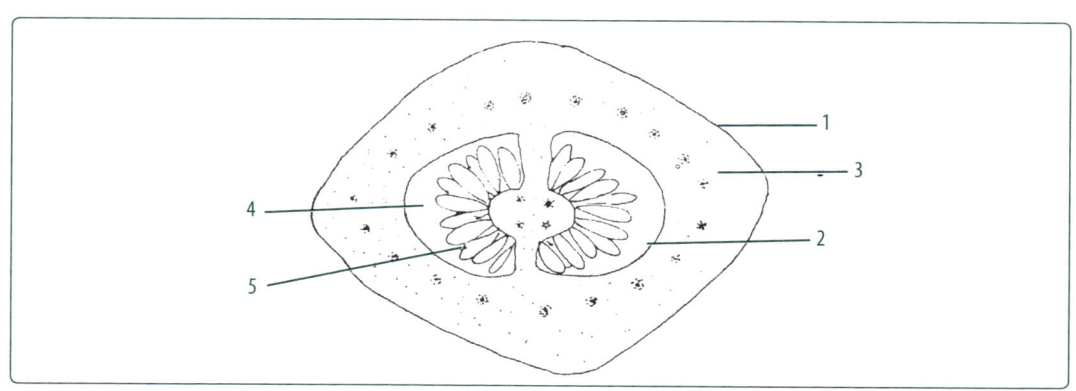

Fig. 12.3. Estrutura de ovário em secção transversa1: 1 – epiderme externa; 2 – epiderme interna; 3 – mesofilo; 4 – loja ovariana; 5 – óvulos.

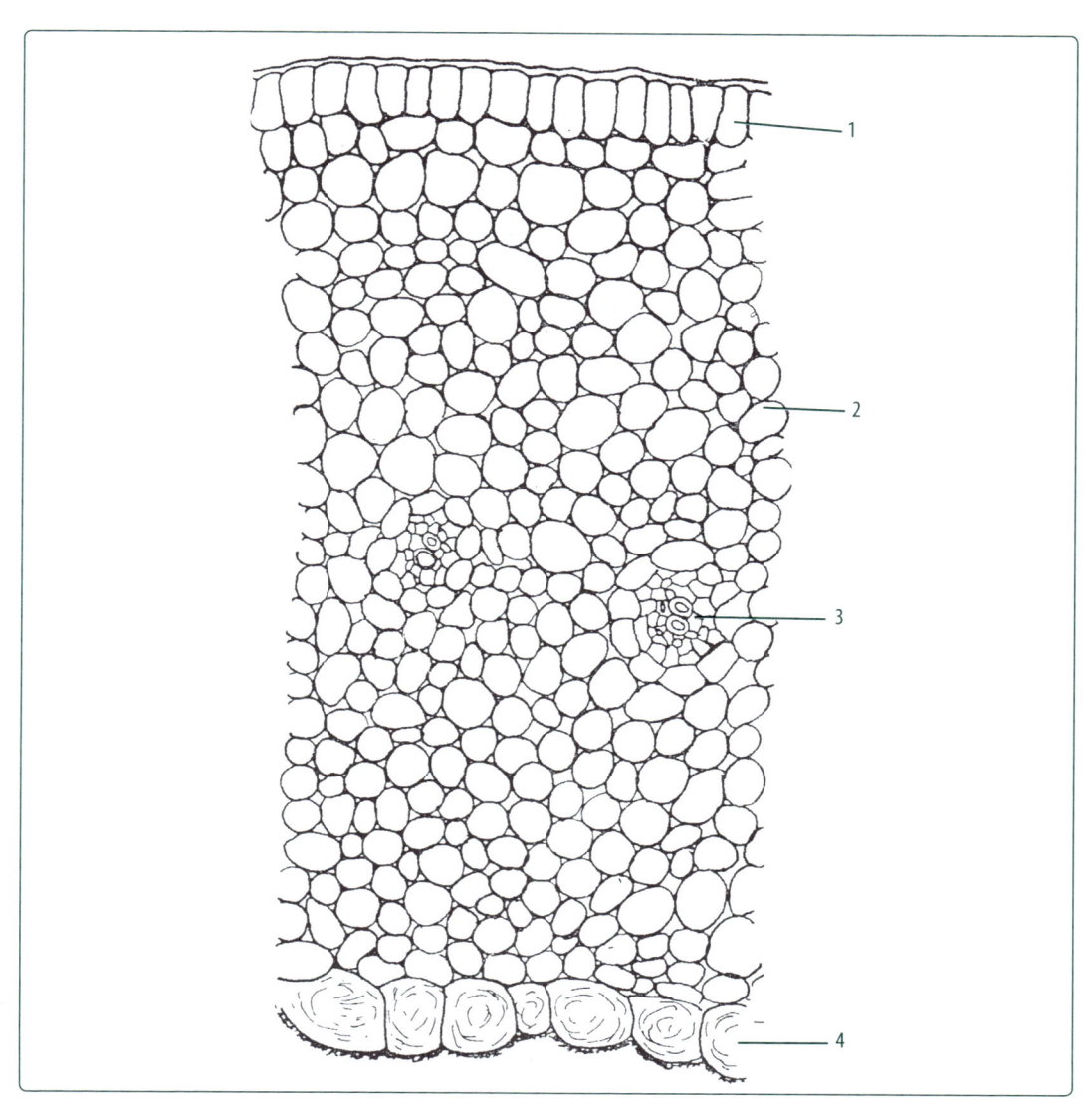

Fig. 12.4. Secção transversa1 do ovário de *Datura suaveolens* Humboldt et Bonpland ex Willdenow: 1 – epiderme externa; 2 – parênquima fundamental; 3 – feixe vascular; 4 – epiderme interna.

Trabalho prático nº 71

Material: Azaléa – flor
Nome científico: *Rhododendron indicum* Sweet
Família: *Ericaceae*
Objetivo: observar as peças integrantes da flor.

Procedimento

1. Observar as peças integrantes da flor.
2. Fazer desenho das peças.
3. Elaborar diagrama e fórmula floral.

Usando os três materiais anteriormente citados, fazer as seguintes preparações para observar os grãos de pólen e a estrutura do ovário ao microscópio.

Observação de grãos de pólen

Procedimento

1. Colocar uma gota d'água sobre uma lâmina de microscopia e, com o auxílio de estilete, esmagar sobre a lâmina a antera, de maneira a liberar grãos de pólen na gota d'água.
2. Remover os fragmentos grandes da antera. Cobrir a gota d'água com lamínula. Observar os grãos de pólen ao microscópio e desenhá-los.
3. Fazer uma preparação para cada tipo de flor.
4. Fazer, ainda, preparação usando flor de espécie da família Compositae a ser fornecida pelo professor.

Fruto

INTRODUÇÃO

O ovário fecundado e desenvolvido, acompanhado ou não de outras partes florais, é denominado fruto. Basicamente, o fruto é derivado do desenvolvimento das folhas carpelares.

Os frutos constituem uma das características das angiospermas. Assim, eles não estão presentes nas gimnospermas e em outros grupos vegetais menos evoluídos.

Os frutos podem ser classificados em carnosos e secos de acordo, respectivamente, com a presença de parede suculenta ou não. Muitos frutos se abrem para liberar as sementes, sendo, por isto, denominados deiscentes. Os frutos que não se abrem recebem o nome de indeiscentes.

Outra maneira de classificar os frutos relaciona-se com o número de carpelos e com o número de lojas que esses carpelos delimitam. Assim, existem frutos monocarpelares, dicarpelares, tricarpelares, e assim por diante. Também se fala em frutos uniloculares, diloculares, triloculares e poliloculares.

No fruto podem ser observadas três regiões – epicarpo, mesocarpo e endocarpo –, regiões estas que correspondem à epiderme externa, ao mesofilo e à epiderme interna da folha carpelar.

TRABALHO PRÁTICO Nº 72

Material: Hemerocale – fruto
Nome científico: *Hemerocallis flava* L
Família: *Liliaceae*
Objetivo: observação do fruto, visando estabelecer o tipo. Classificá-lo quanto ao número de carpelos e quanto ao número de lojas.

Procedimento
1. Observar o fruto e classificá-lo.
2. Fazer desenho representativo do fruto.

TRABALHO PRÁTICO Nº 73

Material: Coentro – fruto
Nome científico: *Coriandrum sativum* L

Família: *Umbelliferae*

Objetivo: observar o fruto, visando estabelecer o tipo.

Os frutos do coentro ou coriandro são do tipo esquizocarpo, ou seja, frutos secos indeiscentes, que se dividem ao meio sem liberar as sementes. Constitui um tipo de condimento encontrado à venda nos mercados e ervanerias.

Procedimento

1. Pressionar lateralmente para que o fruto se divida em duas partes.
2. Verificar a presença de estilopódio, de arestas e de valéculas;
3. Fazer desenho representativo do fruto.

Observação

Vide trabalho prático nº 76.

TRABALHO PRÁTICO Nº **74**

Material: Maracujá – fruto
Nome científico: *Passiflora edulis* Sims
Família: *Passifloraceae*
Objetivo: observação do fruto, visando estabelecer o tipo.

Os frutos de maracujá são encontrados à venda em quitandas, supermecados e feiras livres.

Procedimento

1. Cortar transversalmente o fruto e observar o número de carpelos, o número de lojas e o tipo de placentação.
2. Fazer desenho representativo do fruto.

TRABALHO PRÁTICO Nº **75**

Material: Vagem
Nome científico: *Phaseolus vulgaris* L
Família: *Leguminosae*
Objetivo: observar ao microscópio as diversas partes do fruto: epicarpo, mesocarpo e endocarpo.

Procedimento

1. Preparar corte transversal de maneira usual, empregando método de coloração pela hematoxilina.
2. Montar a amostra em água e observá-la.
3. Fazer desenho esquemático da secção transversal e desenhá-la com detalhes, representando todas as camadas celulares, desde o epicarpo até o mesocarpo.

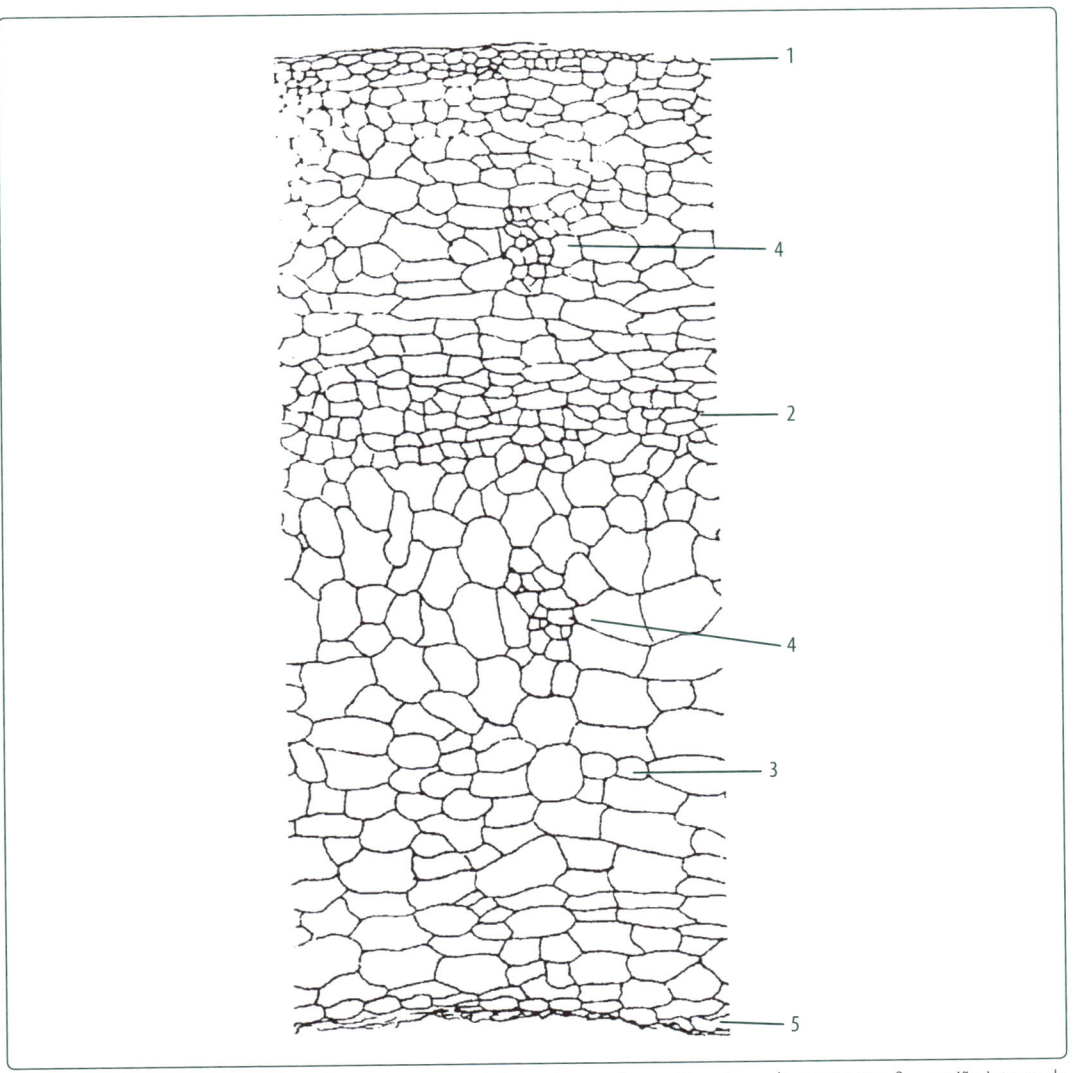

Fig. 13.1. Fruto de *Phaseolus vulgaris* L – corte transversal: 1 – epicarpo; 2 – região externa do mesocarpo; 3 – região interna do mesocarpo; 4 – feixe vascular; 5 – endocarpo.

TRABALHO PRÁTICO Nº 76

Material: Coentro – fruto
Nome científico: *Coriandrum sativum* L
Família: *Umbelliferae*
Objetivo: semelhante ao do trabalho prático anterior.

Procedimento

1. Proceder como no caso anterior.
2. Fazer desenho esquemático da secção transversal do fruto e desenhá-la com detalhes.

Observação
Ver Trabalho prático nº 73.

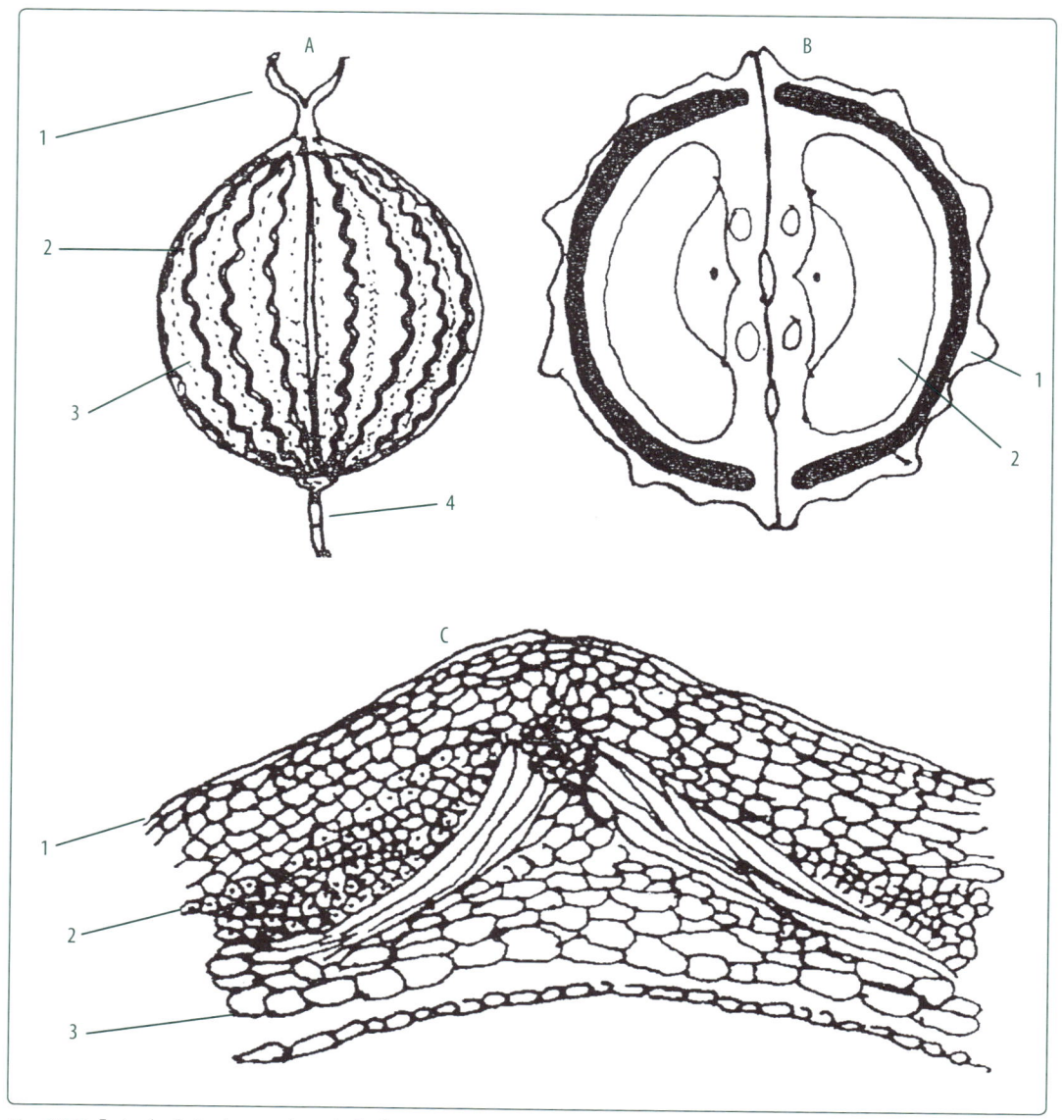

Fig. 13.2. Fruto de *Coriandrum sativum* L. **A.** Fruto inteiro: 1 – estilopódio; 2 – aresta; 3 – valécula; 4 – pedúnculo. **B.** Desenho esquemático da secção transversal mostrando os dois mericarpos e suas sementes. **C:** Secção transversal do pericarpo: 1 – epicarpo; 2 – mesocarpo, 3 – endocarpo.

Semente

INTRODUÇÃO

Chama-se de semente ao óvulo fecundado e desenvolvido. A semente, basicamente, é constituída do tegumento e da amêndoa. Chama-se de amêndoa ao embrião ou, ainda, ao embrião e outros tecidos que armazenam reservas.

Quando a amêndoa é constituída exclusivamente pelo embrião, é denominada simples; e de exalbuminada a semente formada pelo tegumento e embrião.

A semente constituída por tegumento, endosperma e embrião é chamada de semente albuminada. Ela ainda pode ser constituída por tegumento, perisperma (tecido de reserva de origem extra – saco embrionário) e embrião. Chama-se, neste caso, de semente perispermada.

Quando a semente é constituída por tegumento, perisperma, endosperma e embrião, é denominada semente perispermo-albuminada.

Os dois primeiros casos são bem mais frequentes, merecendo mais nossa atenção.

As sementes podem ser caracterizadas morfologicamente pela presença de anexos, de cicatrizes existentes sobre o tegumento e pela sua constituição no que diz respeito ao lugar onde se armazenam as reservas.

Como cicatrizes importantes nas sementes, temos o hilo, a micrópila e a rafe. Como anexos do tegumento, temos arilo, carúncula, estipe plumoso e membrana aliforme.

TRABALHO PRÁTICO Nº 77

Material: Feijão – semente
Nome científico: *Phaseolus vulgaris* L
Familia: *Leguminosae*
Objetivo: observar a parte exterior da semente, notando a presença de cicatrizes: hilo, micrópila e rafe; observar a constituição da semente.

Procedimento

1. Observar inicialmente a semente de feijão à vista desarmada, em especial na região da curvatura menor. Notar a presença das três cicatrizes representadas a seguir.
2. Observar em seguida os detalhes, com auxílio de lupa.

3. Remover o tegumento do feijão.
4. Observar a constituição da semente exalbuminada.
5. Fazer desenho representativo da semente.

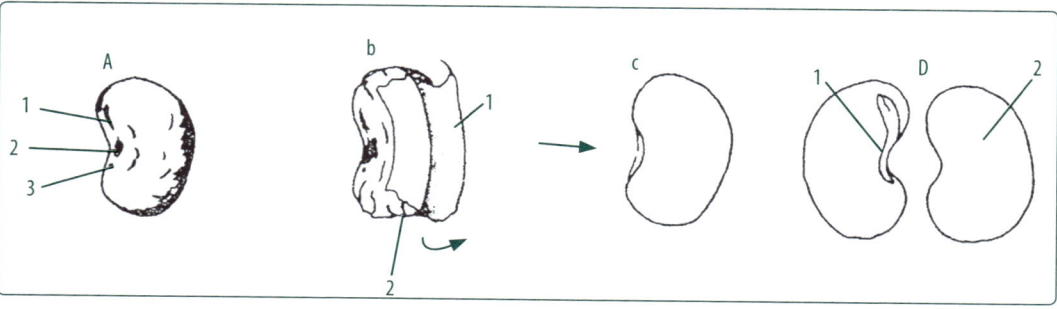

Fig. 14.1. Semente de *Phaseolus vulgaris* L. **A.** Semente inteira: 1 – rafe; 2 – hilo; 3 – micrópila. **B.** Semente com tegumento semirretirado: 1 – tegumento; 2 – embrião. **C.** Embrião. **D.** Embrião: 1 – eixo radículo caulicular; 2 – cotilédone.

TRABALHO PRÁTICO Nº 78

Material: Mamona – semente
Nome científico: *Ricinus communis* L
Família: *Euphorbiaceae*
Objetivo: semelhante ao do trabalho prático anterior.

Procedimento
1. Proceder como no caso anterior.
2. Cortar a semente longitudinalmente: a primeira, perpendicularmente à espessura menor; a segunda, perpendicularmente à espessura maior.
3. Fazer desenho da constituição da semente.
4. Interpretar as estruturas e fazer desenho representativo.

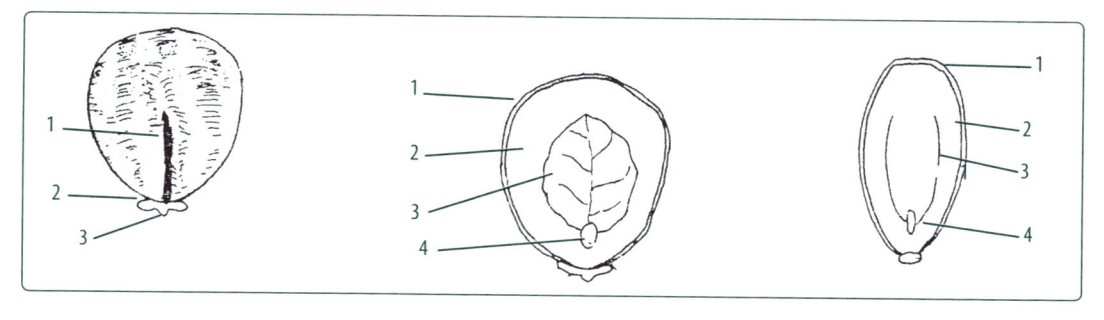

Fig. 14.2. Semente de *Ricinus communis* L. **A.** Semente inteira: 1 – rafe; 2 – micrópila; 3 – carúncula. **B.** Secção paralela à folha cotiledonar: 1 – tegumento; 2 – endosperma; 3 – cotilédone; 4 – eixo radículo-caulicular. **C.** Secção perpendicular à folha cotiledonar: 1 – tegumento; 2 – endosperma; 3 – cotilédone; 4 – eixo radículo-caulicular.

TRABALHO PRÁTICO Nº 79

Material: Abóbora – semente
Nome científico: *Cucurbita maxima* Duchesne
Família: *Cucurbitaceae*
Objetivo: semelhante ao do trabalho prático anterior.

Procedimento

1. Proceder como no caso anterior.
2. Analisar a constituição da semente e desenhá-la.

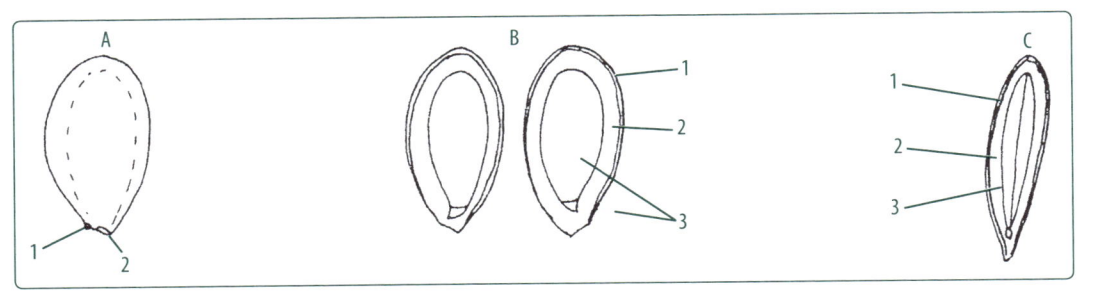

Fig. 14.3. Semente de *Cucurbita maxima* Duchesne. **A.** Semente inteira: 1 – micrópila; 2 – hilo. **B.** Semente cortada longitudinalmente (corte paralelo à superfície maior): 1 – tegumento; 2 – endosperma; 3 – embrião. **C.** Semente cortada longitudinalmente (corte perpendicular à superfície maior): 1 – tegumento; 2 – endosperma; 3 – embrião.

TRABALHO PRÁTICO Nº 80

Material: Abacate – semente
Nome científico: *Persea americana* Miller
Família: *Lauraceae*
Objetivo: semelhante ao do trabalho prático anterior.

Procedimento

1. Proceder como no caso anterior.

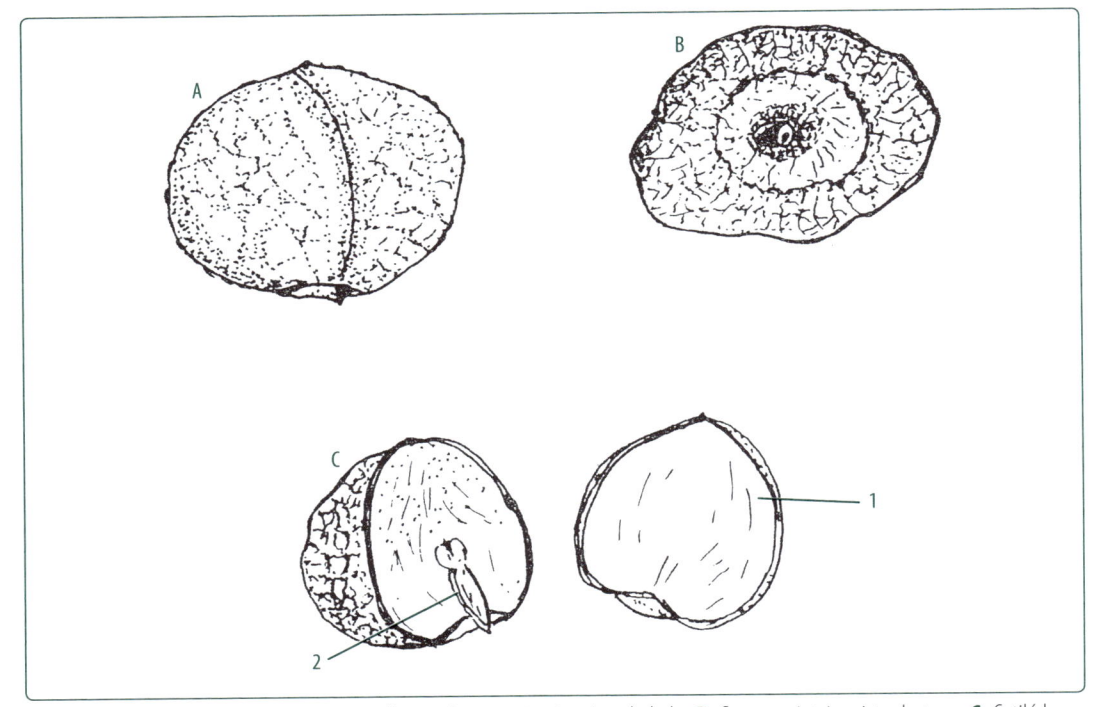

Fig. 14.4. Semente de Persea americana Miller. **A.** Semente inteira vista de lado. **B.** Semente inteira vista do topo. **C.** Cotilédones separados: 1 – cotilédone; 2 – eixo radículo-caulicular.

TRABALHO PRÁTICO Nº 81

Material: Feijão – semente
Nome científico: *Phaseolus vulgaris* L
Família: *Leguminosae*
Objetivo: observar a estrutura microscópica de semente exalbuminada.

Procedimento

1. Dividir transversalmente a semente de feijão ao meio.
2. Tomar uma das metades e efetuar cortes transversais na região da secção. Evitar efetuar cortes nas extremidades da semente, em função da maior curvatura dessas regiões, o que leva à obtenção de cortes inclinados.
3. Preparar as lâminas empregando-se a técnica de coloração pela hematoxilina.
4. Observar a estrutura microscópica da semente e fazer desenho representativo dela.

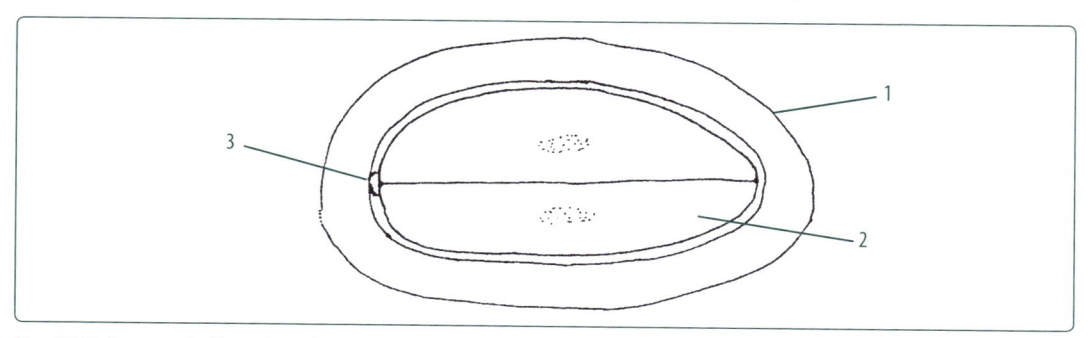

Fig. 14.5. Semente de *Phaseolus vulgaris* L cortada transversalmente – desenho esquemático: 1 – tegumento; 2 – cotilédone; 3 – embrião (eixo radículo-caulinar).

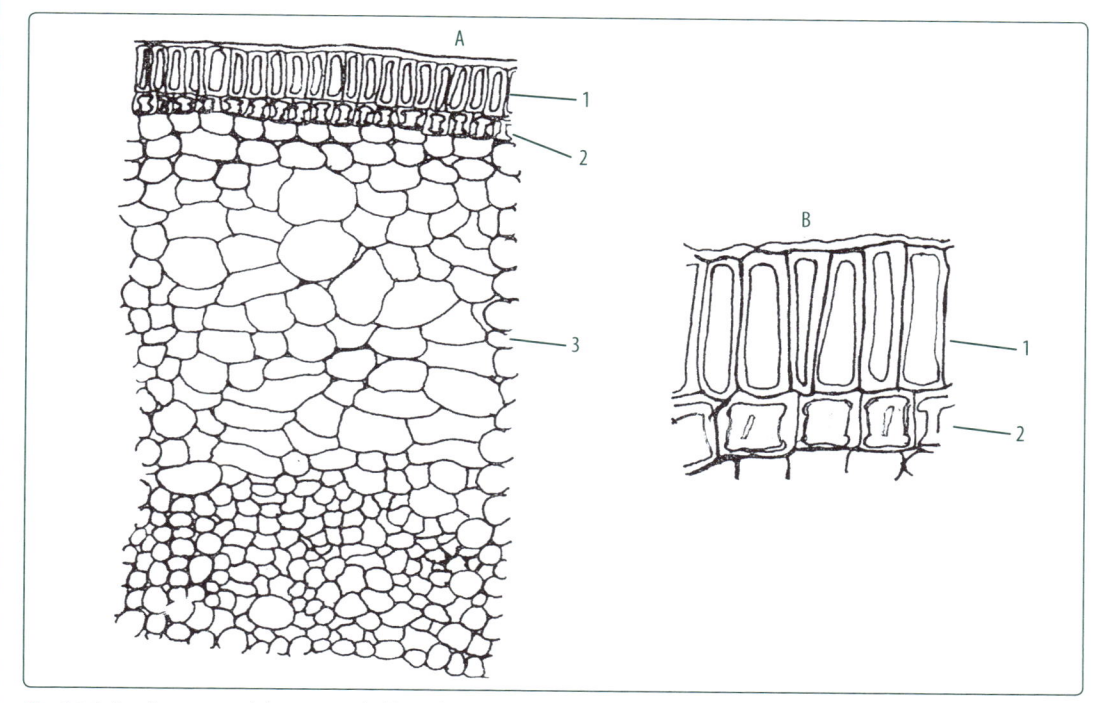

Fig. 14.6. Secção transversal da semente de *Phaseolus vulgaris* L. – região do tegumento. **A.** 1 – epiderme em camada paliçádica; 2 – camada subepidérmica; 3 – camada parenquimática. **B.** Detalhe: 1 – camada paliçádica; 2 – camada colunar.

Trabalho prático nº 82

Material: Abóbora – semente
Nome científico: *Cucurbita maxima* Duchesne
Família: *Cucurbitaceae*
Objetivo: observar estrutura microscópica de semente albuminada.

Procedimento

1. Proceder como no caso anterior.
2. Observar ao microscópio e desenhar a estrutura microscópica.

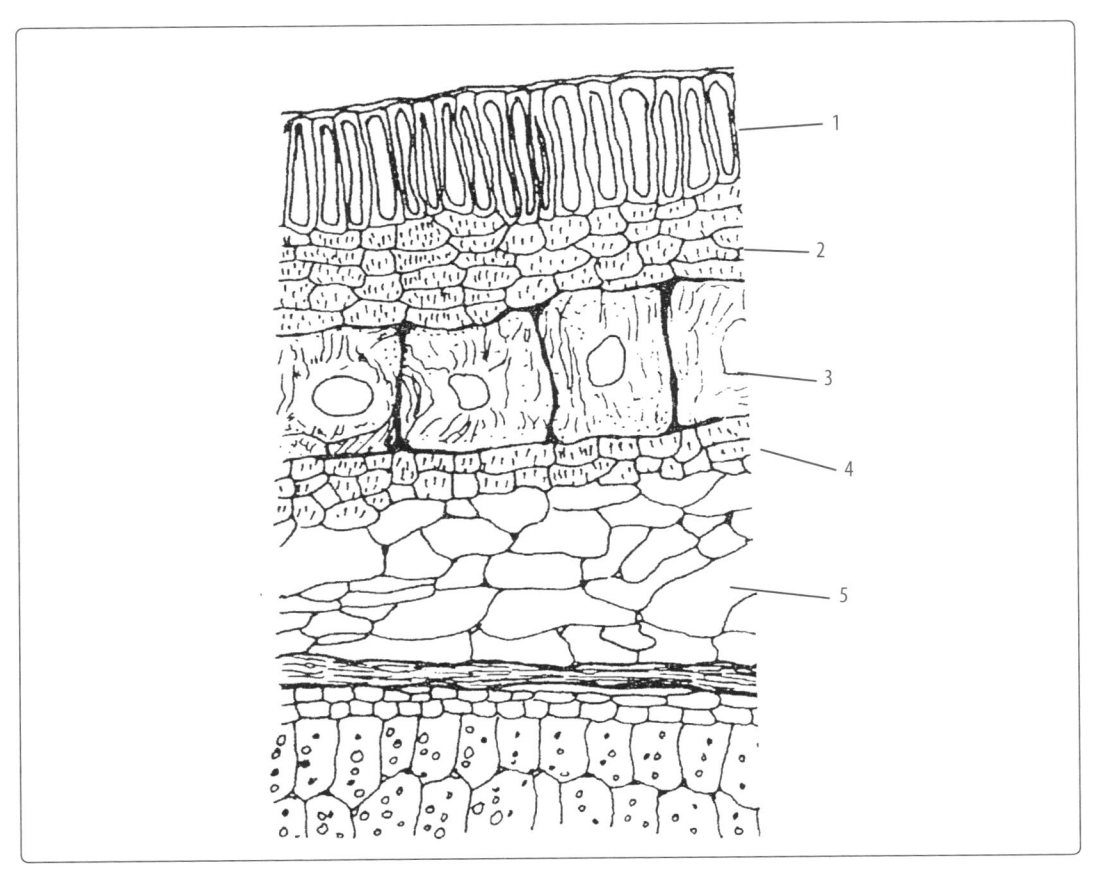

Fig. 14.7. Semente de *Cucurbita maxima* Duchesne – secção transversal: 1 – camada paliçádica; 2 –camada reticular externa; 3 – camada esclerótica; 4 – camada reticular interna; 5 – camada parenquimática.

Identificação de plantas

GENERALIDADES

É frequente a necessidade de se identificar espécies vegetais. Plantas, com propriedades tóxicas ou medicinais, plantas invasoras, plantas inseticidas, plantas melíferas, plantas forrageiras, frequentemente carecem de identificação científica graças à sua importância utilitária.

Para que se possa conhecer o nome científico de uma planta, nome este válido no mundo inteiro, é necessário ou quase indispensável que ela esteja fértil ou, em outras palavras, que possua, na ocasião, as flores e os frutos.

As plantas herbáceas de pequeno porte, geralmente, devem ser coletadas inteiras, até suas raízes. Devem ser removidas da terra e destinadas à identificação.

Pode-se proceder de duas maneiras na identificação de material botânico, dependendo da situação deste.

Quando o setor especializado em identificação localiza-se próximo ao ponto de coleta, podem-se dispensar trabalhos especiais de preparo. A planta, entretanto, deve ser a mais completa possível. Deve ser constituída, pelo menos, por um ramo florido que, de preferência, deve conter também frutos.

Quando o local de coleta fica distante, é necessário preparar o material. Os ramos floridos devem ser distendidos entre folhas de papel absorvente como jornal, por exemplo. Aplicam-se, a seguir, as folhas de papelão nos dois lados e procede-se a prensagem do material. Flores e frutos delicados podem ser preparados à parte.

No momento da coleta, devem ser anotadas informações como:

- porte e dimensões da planta – se é erva, arbusto ou trepadeira;
- se possui látex ou espinhos;
- cor das flores, dos frutos e das folhas, caso não sejam verdes;
- *habitat,* isto é, o local de onde ela é proveniente: se é cultivada, se é planta de campo ou de mata; se vive em capoeiras etc.

Deve-se anotar ainda o local, o nome do estado e da cidade, e a localidade onde o material foi coletado.

Anotam-se também, caso se tenha conhecimento, o nome popular e os usos da planta.

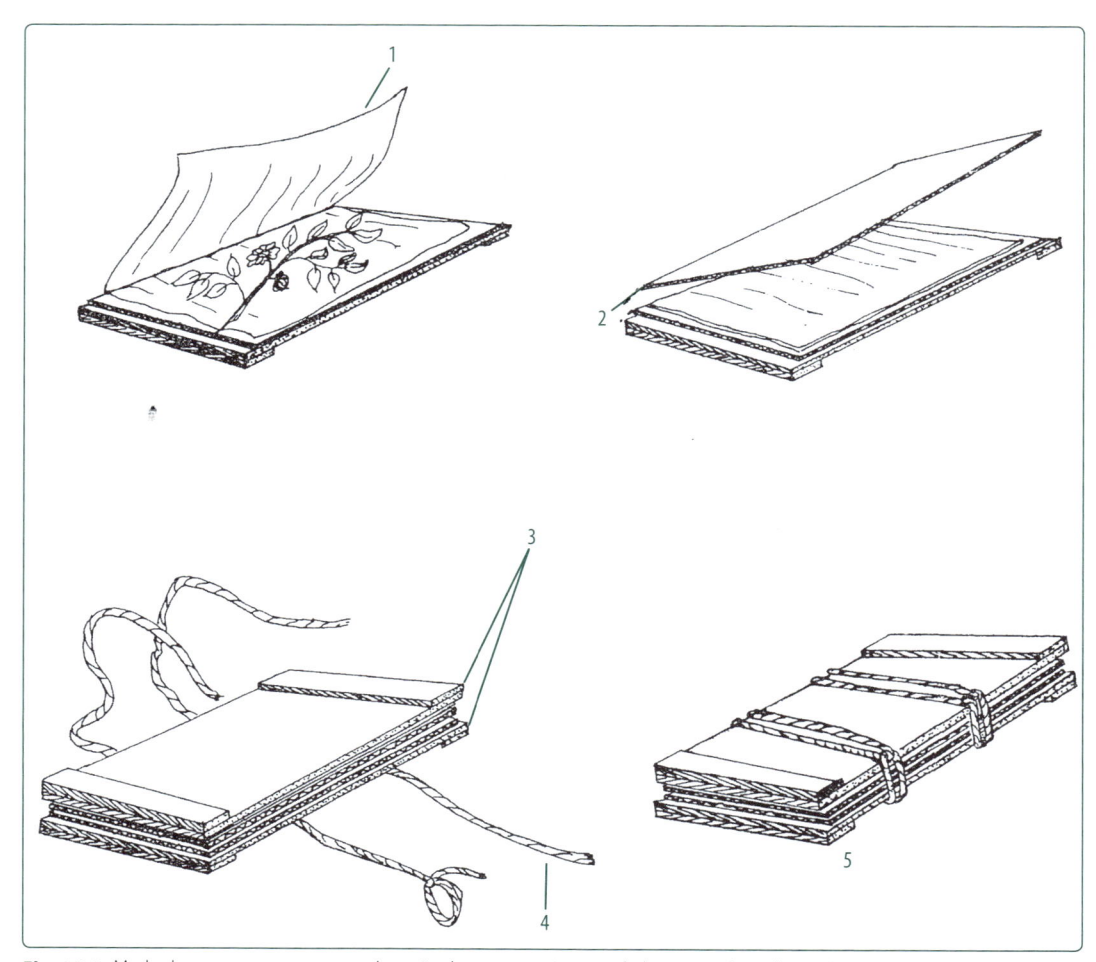

Fig. 15.1. Modo de montar prensa para a obtenção de exsicatas: 1 – papel absorvente (jornal); 2 – lâmina de papelão; 3 – tábuas, 4 – corda; 5 – prensa montada.

Corantes e reativos mais empregados em histologia

1. ### Ácido pícrico

   Dissolver 1% de ácido pícrico em álcool absoluto.
   Utilizar como corante de fundo para grãos de aleurona.

2. ### Azul de anilina

   Dissolver 5 g em 100 ml de álcool a 70%.
   Utilizado para coloração de citoplasma.

3. ### Azul de metileno

   Dissolver 5 g de azul de metileno em 100 ml de água.
   Utilizado para coloração de bactérias, fungos, fibras de algodão e células mucilaginosas.

4. ### Azul de metileno diluído

   Dissolver 1 g de azul de metileno em 100 ml de água.

5. ### Bismarck Brown

   Dissolver 1% em álcool a 70%.
   Utilizado como corante de fundo.

6. ### Carmin

   Preparar solução concentrada de bórax e dissolver 2% de carmin.
   Utilizado para coloração de paredes celulósicas (cora em vermelho). Junto com verde-iodo, dá uma dupla coloração.

7. ### Cloral hidratado

   Dissolver 60 g de cloral hidratado em água destilada, completando o volume para 100 ml.

Utilizado como clareador de cortes histológicos. A lâmina contendo os cortes e algumas gotas dessa solução deve sofrer aquecimento brando sobre chama de um bico de Bunsen.

8. Cloreto de zinco iodado

Existem duas formulações para este reativo:

cloreto de zinco ....20,0 g
    iodeto de potássio............6,5 g
    iodo metaloide ....1,5 g
    água destilada ....12 ml

Preparar as seguintes soluções em separado e reunir em ocasião do uso:

solução A	**solução B**
iodo metaloide..............1,0 g	cloreto de zinco................2,0 g
iodeto de potássio.........2,0 g	água destilada...................1,0 ml
água destilada qsp........100 ml	

Utilizado para coloração de parede celulósica, corando em azul ou roxo, dependendo do pH da água.

9. Crisoidina

Dissolver 1 g em álcool a 90%.
Utilizado como corante de fundo.

10. Cristal violeta

Dissolver 3,5 g em álcool a 70%.
Utilizado para coloração de citoplasma.

11. Eosina

Dissolver 1 g de eosina em 100 ml de álcool a 70%.
Utilizado como corante de fundo.

12. Eritrosina

Preparar solução a 3,5 g em álcool a 70%.
Utilizado como corante de fundo.

13. Fast Green

Preparar solução a 3,5 g em álcool a 95%.
Utilizado como corante para paredes celulósicas.

14. Fixador F. A. A.

formol a 40% ....5 ml
ácido acético glacial...............5 ml
álcool a 50% ....90 ml

Trata-se de fixador enérgico e rápido, fixando as peças em aproximadamente 5 dias.

15. Fixador Karpechenko

Preparar as duas soluções separadamente e misturá-las em partes iguais por ocasião de seu uso:

solução A   solução B

formol a 40%............30 ml   ácido crômico.............1,0 g
álcool a 95%.............10 ml   ácido acético ....10 ml
água qsp...................100 ml   água qsp ....100 ml

16. Floroglucina clorídrica

Existem duas fórmulas para este reativo:
Solução a 1% de floroglucina em álcool 95% – 5 gotas; ácido clorídrico – 2 gotas.
Preparar solução saturada de floroglucinol em ácido clorídrico a 20%.
Utilizado para corar tecidos que tenham lignina, corando-os de vermelho-cereja.

17. Fucsina ácida

Preparar solução a 1% em água.
Utilizada para paredes lignificadas.

18. Hematoxilina de Delafield

(solução estoque)
hematoxilina...1,0 g
álcool absoluto...6,0 ml
solução saturada de alúmen de amônia.......100 ml
álcool metílico..25 ml
glicerina...25 rnl
Dissolver a hematoxilina em 6 ml de álcool absoluto, juntando-se a seguir, os 100 ml da solução saturada de alúmen de amônia. A mistura deve ser submetida à ação do ar e da luz durante uma semana. A seguir, submeter o conjunto à filtragem e adicionar gota a gota ao filtrado a mistura de álcool metílico e glicerina. Filtrar novamente a solução. Desta solução, retirar 1 ml e este é diluído em 150 ml de água destilada, antes de usá-la.
Utilizado para corar paredes celulósicas.

19. Hidróxido de sódio a 5%

Preparar a solução em água.
Utilizado para diafanização.

20. Hipoclorito de sódio

água de lavadeira comercial.............50 ml
água destilada....................................50 ml
Utilizado para clarear cortes histológicos antes da coloração.

21. Lugol (solução de iodo)

iodo....................................1 g
iodeto de potássio...........2 g
água destilada qsp ....300 ml

A parede celulósica, tratada previamente com ácido sulfúrico e posteriormente com a solução de iodo, adquire coloração azul.

Os grãos de amilo, em presença de solução de iodo, adquirem coloração azul ou arroxeada.

22. Orange G

Preparar a solução saturada em álcool a 95%.
Utilizada como corante de fundo.

23. Reativo para oxalato

ácido sulfúrico a 25%................................3 partes
cloral a60%...5 partes
etanol...2 partes

24. Safranina

safranina...1,0 g
água destilada................................50 ml
álcool a 95% ....50 ml
Utilizada para corar paredes lignificadas.

25. Solução clareadora

óleo de cravo...............................2 partes
álcool absoluto............................1 parte
xilol ....1 parte
Utilizada para clarear cortes antes da observação.

26. Sudan III

Existem duas fórmulas para este reativo:
Sudan III ....0,1 g
isopropanol......................50 ml
glicerina 50 m1
Aquecer a refluxo durante 1 hora os dois primeiros componentes da fórmula. Juntar com cuidado 50 ml de glicerina.
Sudan III.........................1,0 g
álcool...............................100 m1
glicerina...........................50 m1
Dissolver a quente o Sudan III em álcool, acrescentando então a glicerina.
Utilizado para corar paredes cutinizadas e óleos.

27. Verde-iodo

Preparar solução a 2% em água.
Utilizado para corar paredes lignificadas.

28. Vermelho-neutro

Preparar solução a 5% desse corante em álcool a 70%.
Utilizado para corar citoplasma.

Índice Remissivo

A

Abacate, 102
Abóbora, 102, 105
Aboboreira, 61
Agrião, 76
Allium cepa, 15
Amilo, 19
Ardisia, 87
Azaléa, 95

B

Batata-doce, 72
Batatinha, 16
Bebidas, 13
    cacau, 13
    café, 13
    chá, 13
    cola, 13
    guaraná, 13
    mate, 13
Bico-de-papagaio, 45
Borracha macia, 11
Botânica morfológica, 13
Bulbo de cebola, 13

C

Café, 29, 48, 56, 66
Cálamo aromático, 64
Camélia, 40
Capim-limão-folha, 87
Casca de *Hibiscus rosa-sinensis* L, 46
    corpo de prova, 46
Caule com estrutura secundária de *Coffea arabica* L, 57

Caule de
  Coffea arabica L, 66
  Cucurbita maxima Duchesne, 62
  Euphorbia pulcherrima Willd, 45
  Foeniculum vulgare Miller, 55
  goiabeira (*Psidium guajava* L), 79
  Mentha sp, 67
  Mikania glomerata Sprengel (com destaque para feixe vascular colateral aberto), 60
  Nerium oleander L, 47
  pariparoba (*Pothomorphe umbellata* (L) Miq, 78
  Salvia splendens Sellow, 81
    estrutura primária em secção transversal, 81
    estrutura secundária em secção transversal, 81
Caule, 77
Chuchu, 51, 56
Cipó imbé, 28
Coco-da-bahia, 26
Coentro, 97, 99
Contorno foliar, 83
Convenção de Metcalfe e Chalk para representação de tecidos vegetais em desenhos esquemáticos, 12
Corantes e reativos mais empregados em histologia, 109
  ácido pícrico, 109
  azul de anilina, 109
  azul de metileno diluído, 109
  azul de metileno, 109
  Bismarck Brown, 109
  carmin, 109
  cloral hidratado, 109
  cloreto de zinco iodado, 110
  crisoidina, 110
  cristal violeta, 110
  eosina, 110
  eritrosina, 110
  fast green, 110
  fixador F. A. A., 110
  fixador Karpechenko, 111
  floroglucina clorídrica, 111
  fucsina ácida, 111
  hematoxilina de Delafield, 111
  hidróxido de sódio a 5%, 111
  hipoclorito de sódio, 111
  lugol (solução de iodo), 111
  orange G, 112
  reativo para oxalato, 112
  safranina, 112
  solução clareadora, 112
  sudan III, 112
  verde-iodo, 112

vermelho-neutro, 112
Corte transversal da folha de café, 30

D

Dália, 25
Desenho do material em estudo, 11
    desenho de detalhe, 11
        demarcação dos limites do desenho, 12
    desenho esquemático, 11
Desenho esquemático de secção transversal, 25, 55
    de caule de *Foeniculum vulgare* Miller, 55
    de túbera de *Dahlia variabilis* Desf, 25
Diagrama floral da flor de jurubeba, 93
Dracena, 42

E

Epiderme de
    Coffea arabica L vista de face, 49
    Mikania glomerata Sprengel vista de face, 51
    Nicotiana tabacum L vista de face, 49
    Ocimum sp vista de face, 50
Erva silvina, 62, 68
Esclerênquima, 40
Espirradeira, 47, 87
Estrutura de ovário em secção transversal, 94
Eucalipto, 89

F

Falsa palmeira ou curculigo, 70
Feijão, 69, 101, 104
Feixe vascular bicolateral de *Sechium edule* (Jacquin) Swartz, 53
Feixes vasculares, 59
Figueira-de-rua, 31
Flor, 91
    diagrama e fórmula floral, 92
        observação de estrutura de ovário, 93
        observação de grãos de pólen, 95
Folha de
    Bauhinia forficata Link – secção transversal, 89
    Cymbopogon citratus (Hort) Stapf – secção transversal, 88
    Eucalyptus globulus Labill – secção transversal, 89
    Hibiscus rosa-sinensis L – secção transversal, 90
    pariparoba, 86
Folha imparibipinada da carobinha-do-campo, 85
Folha, 83
    lâmina foliar ou limbo, 83

contorno, 83

Fragmento de tecido parenquimático, 12

Fruto de

    Coriandrum sativum L, 100

    Phaseolus vulgaris L – corte transversal, 99

Fruto, 97

Funcho, 54

G

Goiabeira, 78

Grama, 67

Grão de amido de batata observado ao microscópio, 20

    à luz normal, 20

    à luz polarizada, 20

Grãos de amilo oficiais no Brasil, 22

Graxa-de-estudante, 86, 87, 90

Guaco, 34, 50, 59

Guiné ou pipi, 30

H

Hemerocale, 93, 97

Hemerocálice, 72

Hera, 87

Hibiscus ou graxa-de-estudante, 46

Hilo, 21

Hortelã, 66

I

Identificação

    de oxalato de cálcio, 31

    de plantas, 107

        generalidades, 107

Imperata brasiliensis Trinius, 61

Introdução ao trabalho de microscopia, 1

    lupa estereoscópica, 5

    microscópio óptico, 1

        parte mecânica, 1

            base ou pé, 1

            estativo, 2

            mesa ou platina, 3

            parafusos macrométriro e micrométrico, 3

            revólver ou mecanismo para troca de objetivas, 3

            tubos de encaixe ou canhão, 3

        parte óptica, 4

            condensador e diafragma, 4

            espelho ou luz embutida, 4

    objetivas, 4
    oculares, 4
uso e cuidados com o microscópio, 4
   cuidados, 4
   uso, 5

J

Jurubeba, 87

L

Lamparina a álcool, 9
Laranjeira, 26
Lírio d'água, 41
Lírio-do-brejo, 79, 81, 86
Lupa estereoscópica, 3

M

Mamona ou rícino, 24
Mamona, 37, 102
Mandioca, 35
Manjericão, 50
Maracujá doce, 27
Maracujá, 98
Mentrasto, 53
Microscópios, 2
   com luz embutida, 2
   ótico, 2
Modos, 48, 108
   de apoiar a folha para obtenção de cortes paradérmicos, 48
   de montar prensa para a obtenção de exsicatas, 108
Montagem da lâmina, 10

O

Oficial-de-sala, 61

P

Parênquima de reserva, 23, 24
   de *Manihot esculenta* Grantz, 23
   de *Ricinus communis* L contendo grãos de aleurona, 24
Parênquima medular de picão-preto, 34
Pariparoba, 78, 85
Pata-de-vaca-folha, 88
Pecíolo de mamona *Ricinus communis* L, 38
Pedaço de caule de *Sechium edule* (Jacquin) Swartz, 52
Picão-preto, 33

R

Raiz de
  Asclepias curassavica L, 72
  Curculigo capitata Kuntz, 70
  Hemerocallis flava L – estrutura primária, 73
  Ipomoea batatas (L) Lamarck – estrutura primária, 74
  Ipomoea batatas (L) Lamarck – estrutura secundária, 75
  Nasturtium officinale R. Br. – estrutura primária. Secção transversal, 76
  Phaseolus vulgaris L, 69
Raiz, 71
Representação de peças de verticilos florais, 92
Rizoma de
  Acorus calamus, 64
  Hedychium coronarium Koenig – desenho esquemático, 82
  lírio-do-brejo (*Hedychium coronariwn* Koenig), 80
  Polypodium squamulosum Kaulfuss – estrutura polistélica, 68
  Polypodium squamulosum Kaulfuss, 63
  Stenotaphrum secundatum (Walter) Kuntze, 68

S

Sabugueiro, 39
Sálvia, 80
Sapé, 60
Secção transversal da folha de
  Camellia japonica L, 41
  Dracaena fragans Ker. Gawl (região central), 43
  Dracaena fragans Ker. Gawl, 43
  Ficus retusa L, 32
  guaco, 35
  guiné, 30
  Passiflora alata Dryander, 28
Secção transversal
  da raiz de mandioca, 36
  da semente de *Phaseolus vulgaris L.* – região do tegumento, 104
  de caule de *Ageratum conyzoides* L, 54
  de folha de *Citrus aurantium* L, 29
  de folha de laranjeira – *Citrus aurantium* L, 27
  de folha de *Nymphea* sp, 42
  de nervura de *Philodendron bipinnatifidum Schot*t, 28
  de túbera de *Dahlia variabilis Desf*, 25
  do endosperma da semente de *Cocos nucifera* L – parênquima oleífero, 26
  do pecíolo de *Ricinus communis* L, 38
  do pecíolo de sabugueiro, 39
  do pecíolo de trombeteira, 39
  do tegumento da semente de soja, 44
Secção
  longitudinal do corpo de prova (pedaço de caule do chuchu), 52

transversa1 do ovário de *Datura suaveolens* Humboldt et Bonpland ex Willdenow, 94

Semente de

Cucurbita maxima Duchesne – secção transversal, 105

Cucurbita maxima Duchesne, 103

Persea americana Miller, 103

Phaseolus vulgaris L cortada transversalmente – desenho esquemático, 104

Phaseolus vulgaris L, 102

Ricinus communis L, 102

Semente, 101

Serralha vermelha, 87

Soja, 44

Solanum tuberosum, 17

Substâncias ergásticas, 19

histologia vegetal, 33

inclusões celulares inorgânicas, 27

carbonato de cálcio, 31

verificação da natureza do cistólito, 32

oxalato de cálcio, 27

verificação da natureza dos cristais presentes, 30

inclusões celulares orgânicas, 19

amilo, 19

esferocristais de inulina, 24

gotículas de óleo fixo e de óleo essencial, 26

grãos de aleurona, 24

variação da técnica, 24

hidrólise do amilo, 20

identificação dos amilos oficiais, 21

amido de arroz (Oryza Sativa L), 21

amido de milho (Zea mays L), 21

amido de trigo (Triticum vulgare Vill), 21

fécula de batata (Solanum tuberosum L), 21

fécula de mandioca (Manihot esculenta Grantz), 21

tecidos permanentes complexos, 47

epiderme, 47

floema, 51

xilema, 54

tecidos permanentes simples, 33

colênquima, 36

tipos de colênquima, 36

esclerênquima, 39

parênquima, 33

súber, 45

T

Tabaco, 49

Técnica de corte a mão livre, 7

obtenção de cortes a mão livre, 7

    clareamento dos cortes, 8
    coloração pela hematoxilina de Delafield, 9
    corte longitudinal radial, 7
    corte longitudinal tangencial, 7
    corte paradérmico, 7
    corte transversal, 7
    emprego de lâmina de barbear, 7
    fechamento da lâmina, 10
    montagem da lâmina, 9
    outros tipos de coloração, 10
        coloração de azul de astra e safranina, 10
        coloração dupla pelo azul de astra e fucsina, 10
        coloração pelo azul de Astra, 10
Técnica de corte a mão livre, 8
Técnica para substituir a água de inclusão dos cortes pelo reativo para evidenciar oxalato de cálcio, 31
Tipos de ápices e de bases foliares, 84
Tipos de colênquima, 37
Tipos de estelos, 65
    tipos de estelos caulinares, 65
        atactostelo, 65
        polistelo, 66
        sifonostelos, 65
    tipos de estelos radiciais, 69
        actinostelo, 69
        protostelo, 69
Tipos de folhas, 84, 85
    compostas, 85
- quanto ao contorno, 84
Tipos de margem e de nervação, 84
Tipuana, 87
Trabalhos práticos, 13
Trombeteira, 38, 93

V

Vagem, 98

X

Xilema de *Sechium edule* (Jacquin) Swartz, 56